SYSTEAM

FURNITURE

DESIGN

BASIC GUIDEBOOK

櫃體設計基礎課

東販編輯部｜編著

CONTENTS

CHAPTER 1

關於櫃設計，你該懂的事

Point1 收納櫃組成元件

011　・桶身

012　・門片

013　・層板

013　・踢腳板

014　・五金配件

Point2 9 個櫃體設計關鍵技巧

017　技巧 01 ｜有收有藏，化解迎面而來的壓迫感

018　技巧 02 ｜懸空設計，讓櫃體變輕沒有重量

019　技巧 03 ｜異材質混搭，豐富視覺層次變化

020　技巧 04 ｜搭配市售抽屜、收納籃，好看又好用

021　技巧 05 ｜延伸櫃體設計，不僅能收納還能成爲家具

022　技巧 06 ｜櫃體與電視牆一體成形，兼具收納、妝點目的

023　技巧 07 ｜加入光線設計，軟化櫃體表情

024　技巧 08 ｜疊櫃設計，創造更多收納空間

025　技巧 09 ｜沿樑規劃，拉齊線條製造空間簡約印象

CHAPTER

2

收納櫃，你可以這樣做

Point 1 木作櫃

030　・施作流程

032　・常用材質

034　・常見用語

035　・Q&A

Point 2 系統櫃

050　・施作流程

052　・常用材質

054　・常見用語

055　・Q&A

CHAPTER 3 空間實例

074　01 鐵櫃井然收納，廊道也美！

078　02 整合畸零角落，處處暗藏儲藏室、隱形櫃

082　03 邏輯櫃體規劃讓收納成爲一種享受

086　04 外環式收納創造內聚感大宅

090　05 圓弧、色塊運用，打造隨心玩樂聚會宅

094　06 灰綠、白栓木打造溫暖童趣北歐風

098　07 次臥改更衣室，包辦全家收納

102　08 靈活巧思收納，創造多功能空間

106　09 木作書櫃牆與休憩平檯，打造家的各種放鬆姿態

110　10 木作與系統櫃搭配，小坪數也能有機能收納

114　11 廚房、臥室全拆除，換來滿牆收納

118　12 添減線條揚升美屋空靈感

122　13 主牆 OUT ！收納空間就變多了

126　14 38 坪牆面全用盡，拓增收納彈性

130　15 善用空間條件，風格簡約又有海量收納

134　16 整合收納機能，簡約空間不單調

138　17 收納做足，就擁有好感生活

142　18 重整格局提升收納與空間運用

146　19 複合、分段收納概念，機能大滿足

150　20 藉櫃體色彩、造型區隔內外

154　21 虛實櫃體用溝縫微調表情

158　22 分散收納規劃，回歸開闊的生活空間

162　23 櫃體集中拓衍採光與動線

166　24 櫃體設計融入風格，打造愜意居家

170　25 淡化居家收納，迎接綠意與無敵採光

174　26 善用高度、角落擴增櫃體，收納倍增

178　27 藏有編織密碼的通透陽光宅

182　28 以奶茶甜蜜活絡場域柔美

186　**附錄** · DESIGNER DATA

關於櫃設計，你該懂的事

空間設計暨圖片提供｜廿一設計

POINT 1 收納櫃組成元件

認識櫃體組成元件，
隨興組合好用收納

在進行收納櫃設計規劃前，首先要先了解櫃體是由哪些零件組成，這些組成的
零件，不只關乎櫃體是否堅固，能否使用長久，對整體費用也有一定影響，因
此想要打造一個好用又堅實的收納櫃，先從櫃體的組成零件詳細了解，如此才
能挑對適合的材料。

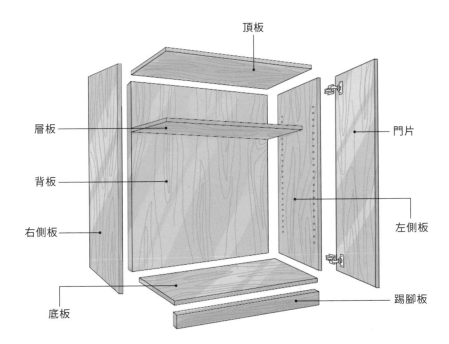

頂板

層板

背板

右側板

底板

門片

左側板

踢腳板

· 桶身

桶身是櫃體的基礎框架，由五個面板構成，分別是：頂板、左右側板、底板及背板，上下左右面板為主要架構支撐，因此常見使用板材厚度約 18mm，對桶身架構影響不大的背板，則常用厚度約 8mm 的板材。桶身板材使用厚度其實並沒有嚴格規定，基本上可根據不同設計及需求，選用適合的板材。

桶身結構講究板材厚度，選用板材種類則進一步影響費用，常見使用板材有：木心板、塑合板、發泡板及不鏽鋼。木心板耐重力佳，結構紮實，根據板材尺寸及採用原料實木品種，價格落差大，不好掌控預算；塑合板是混合樹種打碎壓製而成，價格穩定且低於木心板，是系統櫃最常用的板材；不鏽鋼板材防火、防水、好保養，但價格昂貴，很少大量使用，多用在像是廚房這類特定區域；塑料製成的泡發板，防潮力高、質地輕、好清潔，適合做為浴室櫥櫃桶身。

門片有各種不同材質，還有推門、拉門、掀門等不同形式，來配合各種設計與使用需求。

·門片

櫃體門片可用任何材質製作，喜歡溫潤木質調，可選木心板、夾板、塑合板、密集板這類木質板材，搭配使用的貼皮有人造木皮、實木皮、美耐板等選擇；想讓大型櫃體變輕盈，可選用有通透感的玻璃門片，玻璃門片採用的是強化玻璃搭配專用五金，安全無虞，且玻璃顏色選擇豐富，更有長虹、壓花玻璃等款式；鋼琴烤漆門片是透過一道道烤漆、研磨與拋光打蠟程序，使表面漆色豔麗具光澤感，透過烤漆過程，門片易擦洗、不易掉漆、表面不易發黃，不過鋼琴烤漆門片好看但價格偏高，一般多是高級櫥櫃才會採用。

門片材質從個人喜好與風格擇選，影響日常使用是否順暢的門片把手，則要注意是否順手好用，常見把手類型有：單孔把手、雙孔把手，單孔把手形狀款式多，但門片太重會不好施力，多用於抽屜或面積較小的門片，雙孔把手整

手可緊握，便於開門施力，適用衣櫃、鞋櫃這類大型櫃體。

櫃體很常是一個居家空間裡面積最大的立面，想減少櫃體壓迫或自然融入空間，就要利用隱形把手設計來形成簡潔、俐落立面，降低櫃體存在感。其中斜把手便是可隱形把手的設計，主要是將門片的一邊向內斜切 45 度角，有把手功能，但無法從外觀看出來；埋入式把手是在門片挖一個凹槽後嵌入把手，把手外露但與門片齊平，立面線條依舊保有俐落感。俗稱的「拍拍手」，其實就是安裝拍門器，使其可以按壓方式開關門片，沒有把手的立面自然簡約乾淨，但門片開闔頻繁很考驗五金品質優劣，與之搭配的門片也最好選用易清潔材質，以免因經常觸碰留下髒污。

踢腳板做法有兩種，有些是和櫃子施作在一起，有些則會獨立做一個底座。

·層板

層板是櫃體內部配件之一，依據書櫃、衣櫃等不同櫃體，及擺放在層板上的物品重量，使用層板規格也會不一樣。

收納重且大量書籍的書櫃，建議採用厚度約 4 ～ 6cm 的層板，跨距控制在 90 ～ 120cm 之間，若超過 120cm 就要在層板下方加入支撐物，以免層板凹陷；衣櫃層板主要用來置放摺疊衣物，選擇厚約 18mm、寬度約 40 cm 的層板即可，要特別注意的反而是層板間的高度，盡量不要低於 40cm，以確保有充足的收納空間。

一般櫃體若沒特殊用途，最常見的櫃體層板規格為厚度約 18mm，最大寬度約 60cm。

·踢腳板

踢腳板是做在櫃體底部的設計，主要是讓櫃體和地面結合更牢固、調整水平，避免櫃體底板直接貼近地面，阻絕地面濕氣，降低櫃體受潮機率。

常用材質有：塑膠踢腳板、塑合板踢腳板、木質踢腳板，塑膠材質價格便宜，但較不美觀，塑合板特性是防潮、防火，木質質感最好，但價格相對較高。

除了保護功能，安裝櫃體可能擋住原本牆面的插座，此時可從踢腳板後方空間走線，將插座移到這裡；另外，踢腳板也可遮掩美化伸縮縫，讓櫥櫃整體看起來更美觀。踢腳板高度常見 6 ～ 10cm，若櫃體是對開門形式，為避免門片過於靠近地面，於開關間發生撞到腳、摩擦地面情形，建議做到 8cm。

鉸鍊和滑軌五金，款式、品牌相當多，要選用有一定品質的產
品，否則會影響未來日常使用，也可能影響櫃子使用年限。

·五金配件

櫃體主要是用來解決收納問題，除了櫃體需精心規劃，與之搭配使用的五金配件更要慎選，使用品質好、耐用的五金，如此收納櫃才用得順手，還能延長收納櫃使用年限。

- 鉸鍊

用來銜接門片與櫃體的五金，最重要的功能之一，是讓門片開闔順暢。市面上常見有六分、三分及入柱，其差異在於門片遮蓋側板的多寡，六分可完全掩蓋住側板，三分會露出一半側板，入柱則是門片與側板齊平，沒有好壞之分，依個人喜好選用；材質挑選要視鉸鏈需承受的重量，常見材質為鋼、鋁、不鏽鋼及塑膠，鋼和不鏽鋼承重最重，鋁和塑膠鉸鏈承重較輕。

根據開關門片角度，則有95度、85度、45度等選擇，最常見開門角度為105度；另外還可分為有緩衝功能與無緩衝功能，有緩衝的鉸鍊關門時較安全也較能延長櫃體壽命，無緩衝鉸鍊關門時若不注意，易發出碰撞聲。

- 滑軌

讓抽屜可以順暢抽拉出來的五金，一般常見安裝在抽屜側板，但為了看起來更美觀，更易於清潔，之後發展出將滑軌安裝在底板的方式，因為拉開抽屜時看不見五金，因此也稱為隱形滑軌。

隱形滑軌雖然美觀，但由於是安裝在底板，多少會吃掉一點下方的空間，安裝前應和師傅做好確認，預留些許空間，以免無法順利安裝。

此外，根據抽屜開闔長度，分為二節與三節式，二節式滑軌較短，無法讓抽屜完全展開，三節式滑軌則能將抽屜完全拉出。除此之外，滑軌亦搭配有緩衝功能，也就是在滑軌安裝緩衝裝置，

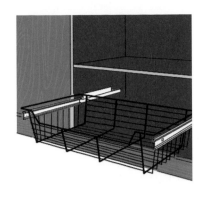

拉籃常用在衣櫃做爲收納配件，除了拉籃材質，應事前確定預期收納物品，以此考量承重力配搭適合的滑軌五金。

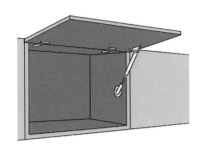

除了本身品質外，撐桿的選用應該搭配門片的尺寸大小來做選擇。

當抽屜在推回時，會自動緩緩闔上，達到安靜無聲。

- 拉籃

常見於使用在衣櫃的收納配件。材質主要有鐵鍍鉻和不鏽鋼材質，外觀差異不大，但價格鐵鍍鉻比不鏽鋼便宜近一半，鐵鍍鉻用久了，表面容易形成氧化漸漸脫落生鏽，不鏽鋼則不會有這類問題。建議選用深度約 30 ～ 40cm 的拉籃，以免過深不好拿取，還要考量與之搭配的五金承重問題。

在規劃衣櫃櫃體時，大多會配置以收納折疊衣物爲主的抽屜和拉籃，鏤空的拉籃可見度大，容易尋找衣物，且通風良好，不易產生濕氣，適合收納毛衣、牛仔褲等衣物。只是要注意拉籃底部縫隙的間隙寬度，若間隙太大，則不適合收納體積小的物品，放置在最下層的衣褲也易有壓紋。

- 撐桿

需與鉸鍊搭配，用於讓門片可以掀開，可應用在房間的衣櫃和廚房的櫥櫃。根據開啓方向，可分爲上掀、下掀、座掀，雖同樣爲掀門，但不會做混用，其中上掀多用於廚房吊櫃，下掀運用在矮櫃居多，臥榻收納最多採用座掀方式。

撐桿還可分爲緩衝、隨意停兩種，隨意停是指可把門片停在任意開開啓的位置，緩衝功能則是讓門片於關上時緩慢地闔上，較不需費力關門。

使用撐桿時，除了五金本身品質的把關，與之搭配的門片尺寸也要注意，門片不要用太大片，否則除了撐桿使用數量要增加，還可能也要加入其它五金，來協助撐桿承受力。

空間設計暨圖片提供｜卡特室內設計

POINT 2 9個櫃體設計關鍵技巧

打破既定想像，
不只收納更能妝點居家

收納櫃是用來收納家中物品，避免因物品外露，讓空間看起來凌亂，若沒有仔細規劃，只是把櫃子擺進空間，不只收得不順手，還可能影響生活動線，甚至因量體過大而有壓迫感。由此可見，收納櫃要解決的不只是收納問題，而是要透過詳細規劃，解決伴隨而來的困擾，做到既收得多，又能優化空間。以下的櫃體設計關鍵技巧，便提供了關於收納規劃的不同思維與想像。

技巧

01 有收有藏，化解迎面而來的壓迫感

很多人選擇做收納櫃牆，或者收納高櫃，來確保有足夠的收納空間，不過大型櫃體存在感極強，容易成為空間視覺重心，如此一來，便不能只是單純思考收納，而是要透過設計規劃，在滿足收納需求的同時，兼顧視覺美感。

大型櫃體最容易讓人感覺壓迫，因此不論是單一大型櫃體或是整面收納櫃牆，可採開放式與隱藏式收納混搭設計，一方面讓櫃體表情多了些變化，也避免全是門片櫃而讓人有壓迫感。

兩種收納方式搭配比例建議7：3或8：2（隱藏：開放），因為開放式收納若不勤於整理，容易變得凌亂，除非是熱愛收納或有展示目的，否則建議以隱藏式收納為主，做為點綴增加層次的開放式收納為輔。

一般常見採上下或左右，來劃分出隱藏和開放式收納區域，這種方式看起來工整有序，但有人可能會覺得過於規矩、呆板，那麼不妨隨興錯落安排，以製造出活潑有趣的視覺效果。

◀利用有收有放的設計，來變化櫃體面貌，讓單純的收納機能，也做到妝點空間效果。

空間設計暨圖片提供│沐白設計

技巧

02 懸空設計，讓櫃體變輕沒有重量

門片櫃雖可收納遮掩凌亂的物品，卻也容易讓櫃體變得沉重，想讓櫃體變輕盈？那就試櫃體不落地的懸空設計。

懸空設計可讓櫃子看起來變輕，少了笨重、壓迫感，適合運用在玄關、衛浴這種坪數通常偏小的空間，最常看到的就是玄關鞋櫃懸空，讓櫃體變輕的同時，下方仍保留收納拖鞋、外出鞋的空間，只是擺放拖鞋，懸空高度約 15cm 即可，如果還要擺放外出鞋，最好懸空20 ～ 25cm。

浴室最容易藏污納垢，櫥櫃採懸空設計，可緩和小空間侷促感，也有利於打掃清潔，且櫃體不落地，能避免直接沾染水氣導致櫃體過早變形損壞。另外，小坪數臥房，床頭櫃或梳妝檯懸空，亦能在滿足使用機能的同時，避免佔用到空間。

除了製造輕盈感，櫃體懸空不落地也能替空間帶來開闊效果，例如客廳的電視櫃，就經常利用懸空設計，來確保地面完整，達到拉闊空間目的，懸空高度要視空間條件與電視尺寸，一般建議至少懸空約 20cm，方便掃地機器清潔。

← 浴櫃採懸空設計，並與牆面拉齊，
　讓空間變得俐落，也化解狹隘空間
　的侷促感。

空間設計暨圖片提供｜禾光室內裝修設計

技巧

03 異材質混搭，豐富視覺層次變化

收納櫃牆是居家空間常見設計，除了滿足收納需求，還能化解空間裡一些畸零不整齊的缺點，不過整面都是櫃，容易顯得單調且笨重，此時除了以造型來做變化，還可以加入不同材質做混搭，讓櫃體具豐富層次變化，而不只是用來收納物品的一個大型量體。

其中，鐵件是經常用來與櫃體做搭配的一種建材，因為只要薄薄一片，承重力甚至比板材更好，不管是拿來做為櫃子內部層板，或者延伸成為平檯，不用擔心是否會因擺放物品重量而有彎曲現象，而且鐵件纖薄、耐重，不僅能淡化櫃體厚重感，也為工整的櫃體外貌，加入一點設計感與個性。

另一種很常與櫃體搭配使用的材質就是玻璃，透通的玻璃除了大量運用於門片，也會拿來做為櫃子內部層板，清透的玻璃，不只有輕化櫃體效果，也適合做為以展示為目的的櫃體層板。選用玻璃做層板，要使用玻璃專用銅扣，使用銅扣時，應加上止滑橡膠，讓玻璃層板可以更穩固。

◀從櫃體延伸鐵件平檯，不只讓櫃牆變輕盈，也讓無趣的收納櫃多了點設計感。

空間設計暨圖片提供｜ PHDS 樸和設計

技巧
04 搭配市售抽屜、收納籃，好看又好用

規劃收納時，一定是按照收納習慣來規劃，但生活中就是會有日常使用，卻又瑣碎不好收的物品，而這些容易散落在家中各處的小東西，正是讓空間變亂的亂源，但櫃體做到這麼細，又要擔心預算會不會爆表。

此時，想節省預算又達到收納目的，不如就用市面上現成的收納抽屜、收納盒、收納籃來解決。

比起木作或系統櫃量身訂做小抽屜、小方格，現成的收納抽屜、收納盒、收納籃，價格會便宜些，而且收納形式與尺寸選擇更多，很適合自行靈活組合運用，只要事先量好櫃子方格尺寸，根據想收納的物品，來選擇適合的商品即可，還可隨時更換改變組合，不用擔心破壞櫃體，或不符合使用。

除了實際收納目的，在高櫃或收納櫃牆適量搭配收納抽屜、收納盒，可以讓櫃體多些變化，避免外觀太單調、無趣，且除了塑膠，還有布、木素材等材質可選擇，相當易於融入櫃體造型與空間風格。

←訂製櫃搭配現成收納，有各種材質可選，不用擔心與櫃體本身或空間風格不搭。

空間設計暨圖片提供｜ PHDS 樸和設計

技巧

05 延伸櫃體設計，不僅能收納還能成爲家具

現今生活空間越來越小，爲了在有限的空間裡，滿足生活中所有機能，於是便衍生出了將櫃體、書桌、椅子等，結合多種機能的設計手法，利用一個具複合彈性機能的大型量體，來充分利用空間。

從櫃體沿生出其它機能的設計，以書桌爲例，通常會從櫃體中段，沿著壁面發展出桌面，便成了書桌檯面，若是臥房，則多是從床頭櫃延伸出床邊櫃、書桌、梳妝檯等機能，通常較爲狹小的玄關，最常見利用段差來做出穿鞋椅。

這種串聯多種機能的設計手法，爲了盡可能保留地面完整性，大多會搭配懸空設計，也就是桌面或櫃體不落地，如此一來，空間不會有被家具塞滿的感覺，看起來自然寬敞許多。

雖是量身訂做，但不只木作能做，系統家具廠商也能做，且除了連結桌面、櫃體，也能連結臥榻、平檯等，變化相當多，由於是依個人需求與空間條件來量身打造，可做到完美貼合空間。

◀將床架、書桌與櫃子串聯在一起，能更有效運用空間，讓小空間該有的機能，一樣也不少。

空間設計暨圖片提供｜廿一設計

技巧

06 櫃體與電視牆一體成形，兼具收納、妝點目的

根據現在人生活習慣，居家空間大多採開放式格局規劃，因此在公領域，便經常會有兩至三個不同空間，共用同一面牆的情形，此時若剛好都要規劃收納櫥櫃，那麼就很容易因為同一立面有了太多櫃體，讓人有沉重、壓迫感，而失去了開放式格局的優勢。

其中最常見到的就是玄關鞋櫃和電視牆位於同一個牆面，此時可將玄關和客廳收納整合，將櫃體串聯形成一個完整立面，不只解決牆面因分割易形成尷尬畸零地問題，避免牆面過多分割，讓空間線條更為簡潔俐落，無形中製造出大器、開闊的空間感。

雖說看起來就像一個大型收納量體，但可以根據收納區域的物品類型，加入鏤空、層板、平檯等設計，滿足實際功能需求，也能讓櫃體外觀多了些變化，不至於看起來只是一個呆板的收納櫥櫃，而是成為妝點、聚焦空間的裝飾，若仍在意大型量體壓迫，可採用櫃體不落地的設計手法，或者在櫃體表面使用淺色漆色、貼皮，來降低重量，強調輕盈感。

◄櫃體從玄關延伸至客廳，門片高櫃可隱藏雜亂生活感，部分開放式規劃，可豐富櫃牆表情，也可展示物品。

空間設計暨圖片提供｜澄易設計

技巧

07 加入光線設計，軟化櫃體表情

在規劃收納櫃體時，除了講究收納功能與外觀造型，也有越來越多人，加入光源規劃，來達到美化櫃體目的，且施工難度比較低，費用也不像做櫃體造型那麼昂貴。

常見加入櫃體的光源有嵌燈和燈帶，嵌燈隱藏在層板內側，從外觀看不見燈具，只能看到發光的層板，可節省空間與增加美感。燈帶則是一種長條式照明裝置，裝置方式很簡單，可自行購買現成的燈帶，自己 DIY 貼在想要的位置即可，燈帶容易隱藏不易被發現，也適合規劃在櫃體外部。

收納櫃加入光源，除了實際照明功能外，大多是希望藉由光線來製造出柔性的氛圍，因此建議挑選色溫 3000k 的溫暖黃光。

其中嵌燈有聚焦效果，若是展示櫃，建議採用嵌燈，來達到聚焦展示物品目的。燈帶則能呈現柔和且均勻的光線，大多用來做為間接照明，具有軟化櫃體表情，製造層次效果。除了美化櫃體，其實透過光影效果，也能淡化櫃體存在，製造出輕盈感。

◄櫃體加入間接燈光，不只提升櫃體精緻度，同時也為空間帶來柔和放鬆氛圍。

空間設計暨圖片提供｜廿一設計

08 疊櫃設計，創造更多收納空間

為了極致使用空間，很多數屋主選擇向上發展，打造一座頂天高櫃，既滿足收納需求，櫃子上方也不易堆積灰塵。不過頂天高櫃讓收納空間變多，但若沒有做好規劃，反而容易因為過高不好收，而淪為難以使用的雞肋。

因為板材過長不易搬運，且根據人體習慣與收納方便性，頂天高櫃多採用上櫃＋下櫃，也就是疊櫃形式，為了方便取物，上櫃開口尺寸不應過小，下櫃層板跨距則不要太寬，若上櫃可能收納重物，下櫃最好加中立板加強支撐。由於做到頂，需留意門片開啟時，是否會

打到燈具或消防灑水頭，若無法避開，可採用推拉門片。

櫃子做到頂，收納量變多，卻容易造成壓迫感，因此上層櫃子顏色可與天花板色一致，虛化櫃子量體感，或做切割造型、採用玻璃門片等設計手法，減輕視覺壓迫。此外還能利用斜把手、拍拍手等設計，讓門片便於開啟，讓櫃子外觀更顯簡潔，有助於減少壓迫感。

←屋高達三米，利用此高度於衣櫃上方增加疊櫃，增加儲物空間之外，疊櫃與天花板色調一致，可降低量體沉重與壓迫感。

空間設計暨圖片提供｜穆豐空間設計有限公司

技巧

09 沿樑規劃，拉齊線條製造空間簡約印象

結構柱是穩固建築的基礎，但因爲樑柱又粗又大，看起來不是很美觀，因此便成爲居家空間裡需要被解決的問題。過去大多以假牆、假天花將柱體包起來，但因爲結構樑柱粗大，與其因此壓縮到使用空間，不如善用樑柱下畸零空間，來規劃成收納。

在樑柱下規劃收納櫃，常見做法，便是規劃一整面的收納牆，如此一來不只獲得收納空間，也可以將畸零角落一併收整，讓整個立面看起來更平整，空間看起來也顯得乾淨俐落。不過收納牆容易帶來壓迫感，此時櫃體設計可搭配玻璃、白色等，可製造出輕盈感的元素，來降低櫃體重量，亦或者選擇不將牆面做滿，留出部分空白來緩解視覺壓迫，讓畫面更有餘裕。

除了規劃成收納櫥櫃，也可以在橫樑下方將地板架高，延伸出臥榻設計，不只多了平檯空間可使用，同時又能利用架高高度，來規劃成收納空間。若不想花費太多預算，直接架設層板，做成開放式收納也是不錯的方式，只是要特別注意跨距，避免層板出現彎曲。

◀沿著樑下規劃成收納，不只能能善用畸零角落，擴充空間機能，同時也可修飾空間線條。

空間設計暨圖片提供｜禾光室內裝修設計

收納櫃，你可以這樣做

空間設計暨圖片提供｜日作設計

木作櫃

依據需求與空間條件，
打造完美居家收納櫃

進行居家空間裝潢時，收納的設計規劃與費用，一直都是重要課題之一。在打造
收納櫃體時，木作櫃經常會與費用昂貴劃上等號，因此系統櫃才會漸漸取代成為
市場主流。然而回歸收納本質，符合個人收納習慣、妥善利用空間，才是居家空
間收納要重視的事，因費用牽就不合宜的收納櫃，不如選用靈活彈性的木作櫃，
確實解決收納困境，也避免讓櫃子淪為不實用又佔據空間的大型物體。

工程時間	工時較長，約需1個月，會因櫃體設計難易、數量等原因，拉長或縮短工期。
設計變化	可配合收納需求量身訂製，並能做出圓弧曲線、斜角等獨特造型，還可進一步結合鐵件、金屬等異材質做變化。
重複使用	木作櫃不可拆卸，較爲穩定且牢固，但無法重複利用。
品質	會根據製作木工師傅經驗、手藝，而有品質上的差異，較難掌控品質。
費用	除了板材、五金等使用材料等級差異外，會依木工師傅的經驗、手藝而有不同報價，因此費用浮動空間較大。

　　所謂的木作櫃，是由木工根據設計師的設計圖，在裝潢現場進行丈量、裁切板材，再將其零件組裝製作成衣櫃、書櫃、櫥櫃等櫃體，手工製作的好處，除了櫃體的造型、尺寸可爲客戶量身訂製，甚至還能做出弧型、曲線等難度較高的造型，且由於是現場製作，可以根據實際空間狀況，立即進行細微調整，減少設計誤差，讓櫃體更完美貼合空間。

　　從使用材質來看，木作櫃與系統櫃價差並不大，但從人力來看，手工製作的木作櫃費用會高於系統櫃，不過木作是手工且專門訂製，因此很適合不夠方正，易產生畸零地的居家空間，或有大量特殊收納需求，對美感要求較高的人。隨著時代的改變，現在也有人採用木作櫃結合系統櫃的方式，來節省費用，這種做法雖說可享有兩種櫃體的優點，但要注意施工順序，且兩個工班一定要針對施工細節做好溝通，以免影響後續裝潢工程進度，當完成的收納櫃體不如預期時，事後需要維修，不知該找哪個工班處理。

施作流程

STEP **1** · 測垂直水平

施作區域地面確實清理乾淨，接著測試、訂定水平高度。

★**施工 tips**：水平、垂直沒做好，可能有門片自動打開，或不夠密合等問題。

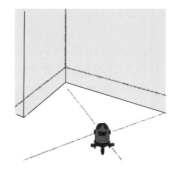

STEP **2** · 釘底座

裁切好角料之後，釘一個底座。

★**施工 tips**：木作櫃擺放前通常會做踢腳板底座，可和櫃子施作在一起，也可獨立做一個底座。

STEP **3** · 釘立櫃體

確認板材沒有髒污、變形後，將上下左右板材固定，接著再釘背板。

★**施工 tips**：釘槍和螺絲要一併使用，先以釘槍固定，再用螺絲補強，櫃體才足夠堅固。

STEP **4** · 櫃體上底座固定

將組成之櫃體，固定在底座。

★**施工 tips**：櫃體應緊密塞入固定，盡量貼合牆面，與牆面間若有縫隙，需做填縫處理。

STEP **5** · 安裝層板

櫃體完成後，根據層板位置鑽孔，然後裝上層板。

★施工 tips：爲了之後可隨意調整層板高度，最好事先要求木作師傅多鑽孔。

STEP **6** · 抽屜、門片製作並固定

根據設計圖製作抽屜、門片，並安裝適合之五金將其固定。

STEP **7** · 五金組裝

安裝櫃子裡面的其他五金零件、配件等。

STEP **8** · 表面貼皮、封邊

櫃體完成後，貼皮封邊，組裝後較難貼的位置，可在組裝前先做貼皮。

常用材質

板材

木作櫃基本上是從無到有，製作過程會對板材進行裁切、鑽孔、打釘等動作，為避免過程中損毀板材表面，因此大多會採用未經貼皮、上漆的板材。

- 木心板

木心板的組成可分為三層，中間是以實木條拼貼而成，上下兩層則為薄木片，為了讓成品更為美觀，會在上下薄木片上塗刷油漆、保護漆，或黏貼美耐板、實木皮等裝飾材。木心板在製作過程中，需上膠加工，而黏著劑含甲醛等化學物質，選用時要特別注意甲醛含量，確認是通過甲醛含量檢驗，合格的木心板。

木心板具防潮、耐壓、堅固、重量輕、穩定等特性，但抗彎曲能力較差，通常應用於床架、衣櫥、書櫃等家具，一般常見規格有：5 分（1.55cm）、6 分（1.75 ～ 1.8 cm）、8 分（2.4 cm），其中 6 分木心板是市面上最常用規格。

- 夾板

由一層一層薄木片堆疊壓製而成，每張單板纖維方向垂直相交，增加板材承載力，以奇數張的單板組合成一張合板，因此稱為合板。厚度可依需求選用，常見有 1 分、2 分夾板，若對厚度有要求，也有較厚的 2mm ～ 18mm 夾板，厚度不同價格亦有差異，居家裝修時要確認估價單上標明使用幾分夾板，或明確標註使用夾板厚度，以免施工後有爭議。

夾板本身防潮、防水，纖維方向縱橫交錯，耐重、耐壓、不易變形，自重較重，價格偏高，表面需自行貼皮、油漆或另外做面板加工，不過因其堅固特性，常應用於各式木作、書櫃與桌板等地方。

- 波麗板

波麗板其實並非專指一種板材，而是透過高溫熱壓一層 poly 不飽和樹脂在木板表面，讓板材表面變得光滑、好清理，熱壓了這層 poly 不飽和樹脂的板材，便統稱為波麗板。表面加工可依需求貼覆單面或雙面，一般四邊不做封邊，表面紋理除了素色，還有木紋等花色，比較常見加工貼覆的板材有木心板、夾板，一般稱為波麗木心板、波麗合板。波麗板表面觸感光滑，價格親民，多應用在天花、隔間和櫃體內部。

貼皮

當櫃體完成後，會在表面再做加工修飾，貼皮就是最常見的一種作法，雖說不一定比較省錢，但能兼顧美觀與好清潔需求。

- 木貼皮
木作櫃最常見的表面貼皮就是木質貼皮，因為可以完美呈現木素材的溫潤與木材紋理，根據製作方式與原料，可分為人工實木貼皮與天然實木貼皮。

1. 天然實木貼皮
來自天然樹木，透過專業加工技術刨切，表現木材不同厚度與紋理。實木貼皮種類豐富，還可分為塗裝與實木貼皮兩種。

．傳統實木貼皮
源自森林木材經加工處理，刨切成細薄片材，每片木材皆保留木材自然紋理，常見厚度有 0.2mm 至 0.6mm，價格依樹種不同與紋理變化豐富程度而有差異。

．預先塗裝實木貼皮
實木貼皮出廠前先進行塗裝，藉此可以加強實木貼皮防潮能與防污性，以利於日常清潔與保養，透過塗裝技術，可讓實木貼皮表面呈現自然水染、粗獷鋼刷等多種效果。

2. 人造實木貼皮
人造實木貼皮原料也是實木，只是採用樹紋較不明顯，或重組壓縮而成的原木，刨切出來的木片木頭紋理規律呆板，價格比天然實木貼皮便宜。

- 美耐板
表面裝飾材的一種，是將浸過特殊樹脂的印刷紙與牛皮紙層層堆疊，再透過高溫高壓、烘乾等加工製成，耐高溫、高壓、耐刮。常見尺寸為 4×8 尺，厚度多為 0.8mm、1mm，通常施作於夾板、木心板等板材上，或直接應用在檯面、牆面、門片、家具等地方；除了素色，亦有仿木紋、仿石紋、金屬色等多種款式和顏色，可搭配不同風格使用。

常見用語

在裝潢工程中，木作櫃被歸在木作工程中，由於是從無到到有，因此施作時常會聽到與板材相關的用語。

- 角仔
角材、角料的意思，一般用來做爲結構或內在骨架，常見角材有柳安木角料、集層角材，現有防潮、防腐、防蟲效果極佳的 PVC 仿木角材，不只適用易產生濕氣的區域，也可取代防潮、防腐、防蟲效果較差的實木角材。

- 馬撒ㄟ（masa）
木紋直紋型，徑切方式取材，裁切方式與木紋幾乎垂直，這種切法木材穩定較不易裂，但紋理皆爲直向看起來比較單調。

- 蘑菇ㄟ（moku）
木紋年輪型，也可說是山型紋，以弦切方式取材，這種切法 木材會比較不穩定且易裂，但紋理變化比較豐富。

- 美麗亞
指的是 2 分夾板，厚度約爲 0.42cm，這種厚度偏薄的夾板，大多使用在隔間薄板、抽屜底板，這種不需要支撐結構的地方。

- 速巴拉
4×8 尺的板材，約 122×242 cm（4 尺 ×8 尺），板材類產品常見規格，厚度有 1.3 分、3 分、4 分等。

- 三七仔
3×7 尺的的板材，約 91.5cm×213.5cm（3 尺 ×7 尺），板材類產品常見規格，厚度有 1.3 分、3 分、4 分等。

Q 1

檢查木作櫃板材，明明標示為 1 分，但實際厚度不到 3mm，是師傅弄錯了嗎？

↑ 木材在加工過程當中會經過削薄、刨光和砂磨等步驟，有可能讓最終厚度比標示的略小。

這是因為在實際生產過程，木材在加工和製造過程中會經歷多次的削薄、刨光和砂磨，這些操作都可能導致最終厚度比原始標示的略小。此外，木材的自然收縮和膨脹也會影響其最終厚度，因此板材實際厚度常常會略小於標示的厚度。例如：「1 分」板材的實際厚度可能會在 2.8mm 左右。

而以木作櫃體常見板材來看，夾板厚度有 1 分、2 分、3 分等多種厚度，而強度與支撐結構性強的木心板，厚度則只有 5 分、6 分和 8 分三種，其中最常用來作為櫃體主要材料的是 6 分板。

實木板、夾板和木心板的原料都是實木材，製成板材時，多少會因實木材本身的含水量而有膨脹收縮現象，導致完成板材厚度出現些許誤差，如果擔心偷工減料，建議可在合約上註明使用板材厚度，以免之後有爭議。

夾板厚度對照表

1 分夾板	0.3cm
1.2 分夾板	0.35cm
2 分夾板	0.42 cm
2 分足夾板	0.5 cm
3 分夾板	0.7 cm
3 分足夾板	0.8 或 0.9 cm
4 分夾板	0.9 cm
4 分足夾板	1.1 或 1.2 cm

木心板厚度對照板

5 分	1.55 cm
6 分	1.75 cm
8 分	2.4 cm

Q2

木作櫃表面除了貼皮，還有別種美化方式嗎？

　　木作櫃和系統櫃最大的不同，就是木作櫃是櫃體完成後，才會進行表面修飾工程，而其中最常見的就是採用貼皮處理，施作方式是利用白膠或蚊釘方式讓木皮與櫃體結合，至於貼皮的選擇，除了木貼皮，市面上有很多不同紋理可供選擇。此外，可以在貼皮後再上噴漆處理，如此一來既可保留木紋紋理，又能有色彩變化，也有利於平時保養清潔。

　　喜歡空間有一些色彩的呈現，可以選擇以噴漆塗裝來進行表面裝飾，為了完成表面更平整好看，在塗裝之前會稍微批土修補，把釘痕修飾掉，最後再用噴槍均勻地創造出平滑且沒有刷痕的漆面，不過要留意的是，噴漆作業時記得周圍做好保護工程，避免污染其他已完工的地方。

　　若追求更為精緻的效果，也可以選擇採用烤漆方式，烤漆可分為陶瓷烤漆和鋼琴烤漆兩種，陶瓷烤漆完成表面為霧面，鋼琴烤漆完成面則為亮面，不管喜歡哪種完成面，只要是施作烤漆，便要經過多道噴漆研磨工序，工程時間自然會拉長，價錢也比噴漆來得高，不過完成後會大大提昇精緻高級感。

←木作櫃除了常見貼皮之外，還可以選擇噴漆塗裝方式，可以創造出簡約平滑的質感。

空間設計暨圖片提供｜穆豐空間設計有限公司

Q 3

木作櫃的抽屜，比櫃身還短，是合理的嗎？

　　由於抽屜通常安裝在滑軌上，以便於能順暢地拉出和推入，再加上滑軌本身需要一些空間來安裝和運行，因此抽屜的實際長度的確需要比櫃子深度再短一些，通常大略會比櫃深短個 5～10cm 左右。除此之外，抽屜長度短於櫃深可以防止抽屜完全被拉出，避免抽屜脫落甚至導致櫃子往前傾，尤其是在放置比較重的物品的情況之下，更可以延長滑軌和抽屜的使用壽命。

←木作抽屜由於還要安裝滑軌，因此抽屜長度約略會比櫃子深度短 5～10cm 左右。

空間設計暨圖片提供｜穆豐空間設計有限公司

Q 4

想在櫃格裡多打個洞，能調節層板位置，要特別和木作師傅說嗎？費用會增加嗎？

　　一般來說，木作櫃的價格會受到材料、尺寸、造型、設計、五金多寡和施工難易度等影響。若要多打洞，建議都需要和木作師傅討論，才會特別施作。至於費用則會依照各個師傅評估而定，需要個別詢價。

Q5

使用材質差不多，不同師傅報價卻差很大，到底誰有問題？

　　木作櫃報價會有價格上的差異，可從以下幾個原因來看：

　　1. 細節的處理：若以相同板材爲基準，施作過程中是否需特殊接縫處理，表面使用實木貼皮、美耐板還是噴漆，貼皮後是否需要上漆，這些看似簡單的小細節，其實都會對價格的增減有影響。

　　2. 五金的選用：櫃體內部選用的抽屜滑軌、鉸鏈或五金把手等配件，會因爲產地、品牌導致價格差異，建議合約中清楚條列所使用的材料、造型、加工設計等，避免日後產生爭議。

　　3. 櫃體造型：只是單純的櫃體，價格落差不大，但要做出如曲線、弧型等特殊造型的話，難度高，所需時間長，價格自然比較貴。

　　4. 師傅經驗：木作櫃是手工製作，師傅的手藝、經驗會影響成品與進度，價格因此有落差，木作師傅一天價格約爲 NT.3,000 不等，但手藝好或有經驗的老師傅，可能就要再往上加。

←櫃體的造型、表面處理、選用的五金配件，都是櫃體價格差異的因素。

空間設計暨圖片提供｜穆豐空間設計有限公司

Q6

木作櫃可以搭配系統櫃嗎？
可以怎麼做？施工順序怎麼
安排？

　　過去木作櫃和系統櫃分屬不同工程，裝潢施工時間也大不相同，木作櫃屬於比較前端的木作工程，而系統櫃組裝時間短，大多會安排在裝潢工程後端，想讓木作櫃和系統櫃搭配施工，那麼工程進場時間要先做調節安排，才不會無端造成時間浪費，反而延長施工期。

　　相較於過去，現在裝潢工程安排較彈性，木作工程便可細分為現場木工、場外木工，如果是採現場木工搭配系統櫃的方式，就是讓木工師傅先做好櫃體，再讓系統櫃進行組裝。但由於缺工嚴重，木工也可以場外製作，待完成後和系統櫃安排同一天組裝，如此反而讓工程更有效率。

　　木作櫃和系統櫃各有優缺點，搭配施作，建議沒有變化，有強大收納需求的櫃體用系統櫃，強調造型視覺部分就由木工施作。兩者搭配，除了施工要配合，也要注意花色是否一致，避免銜接處出現明顯差異，看起來很凸兀。此外，建議由木作先抓好水平垂直，這樣後續系統櫃在組裝時，也能更貼合壁面，不用做太多填縫，視覺上比較好看。

←許多設計師選擇場外木工，在工廠將櫃體製作後再到現場組裝，若同一案子也有使用系統櫃，可安排同一天組裝。

空間設計暨圖片提供｜穆豐空間設計有限公司

Q7

木作櫃容易有甲醛問題，是真的嗎？有可能預防嗎？

是真的。木作櫃之所以會有甲醛問題，是因為在施作的過程中，容易使用到含甲醛的材料，像是浸泡過防腐藥水的板材角料、黏貼木皮的黏著劑、表面塗布的木器漆，都會提升空間甲醛濃度。

若要全方位降低甲醛含量，從選材上就要嚴格把關，使用低甲醛環保黏著劑、天然護木油，板材則選用通過 CNS 認證的 F1、F2 或 F3 板材，其中F1 甲醛含量最低，甲醛釋放量為 0.4mg/L。同時，也能導入除甲醛工程輔助，從進料到完工，每個階段利用藥劑中和木作櫃產生的甲醛，都能有效減少甲醛殘留在空間中，維繫全家人的健康。

想確定家中是否甲醛超標，有幾個簡易判斷方法，首先，空間裡是否充斥有辛辣、刺鼻等刺激味道，空間是否剛裝潢好，因為木作工程最容易有甲醛釋放，要盡量讓空間維持通風，選用的板材及採購的現成家具，甲醛含量是否超標。

◀ 採用 CNS 認證的環保板材，或是使用低甲醛黏著劑和護木油，從源頭降低甲醛帶來的傷害。

空間設計暨圖片提供｜樂湁設計

※ 台灣木材甲醛含量由低到高等級分為 F1、F2、F3，其中 F1 為低甲醛板材。

甲醛標準 （CNS）	甲醛釋出量平均值 （mg/L；ppm）	甲醛釋出量最大值 （mg/L；ppm）
F1	≤ 0.3	≤ 0.4
F2	≤ 0.5	≤ 0.7
F3	≤ 1.5	≤ 2.1

Q8

以爲木作比較堅固，結果沒用多久層板和門片就變形，難道師傅偷工減料？

木作櫃變形的原因很多，但大致和空氣濕度、施工方式和使用不當有關係。不論是木心板或合成板材，本身都會因爲氣候潮濕產生翹曲，因此在使用上要注意適時除濕，盡可能維持乾燥空間。

收納的物品過重會造成櫃體變形，在設計櫃體時，建議要先和設計師討論收納的物品種類，像是設計書櫃時，就會考量層板的跨距在 40 至 50cm，或是加上鋁條固定，避免層板凹陷，產生微笑曲線，若是鏤空層板的設計，則建議在下方加上角材補強。而像是要安放保險櫃，則會在底部增加角料，強化承重力。

另外，櫃體門片若是太大，也會因爲過重而歪斜，再加上木作板材本身具有韌性，板材越長、越大片，越有翹曲的可能。因此在製作大型門片時，師傅會觀察板材的翹曲方向進行裁切，藉此破壞結構，避免板材往歪曲的方向延伸。此外，門片會再嵌入鐵件框架補強固定，有效強化結構不歪斜。

←木作層板若要兼顧承重與美觀，不妨在層板後方加上鋁條固定，或是在牆面植入鋼筋，再嵌入層板，都能有效強化結構。若爲系統櫃，則是在層板後方加上鋁條固定。

空間設計暨圖片提供｜澄易設計

Q9

木作師傅建議最後貼皮用美耐板比較便宜，是真的嗎？和木貼皮有什麼不同？

　　木作櫃基礎結構大多是由夾板或木心板組合而成，櫃體完成後，通常還要做表面修飾處理，想節省預算，會採用價格較為便宜，並有防火、耐刮磨、防水、易清潔等特性的美耐板來取代木貼皮，因為美耐板表面已做過處理，黏貼完成後就不用再上保護漆，如此還能節省上漆費用。

　　美耐板雖然物美價廉，也能透過加工做出彎曲，不過本身厚度較為纖薄、脆弱，無法做到九十度轉角包覆，因此轉角銜接處會產生黑邊和縫隙，若很在意這個問題，建議可改用厚度約 1 ～ 1.2mm 的透心美耐板，但價格會比傳統美耐板昂貴。

　　另外，雖說美耐板具有防水特性，但黏貼板材的黏著劑卻不一定防水，為避免長久使用出現脫膠問題，建議不要使用在易產生水氣的空間。

	木貼皮	美耐板
厚度	實木貼皮約 0.15-3mm	傳統美耐板約 0.8-1mm
優點	有天然木質紋理，質感佳。	防水、防火、耐磨，花色多。
缺點	不耐磨、不耐刮，怕高溫，價格較高。	運送中板材容易破角、破裂、黏貼會有接縫。

Q 10

想自己找木工師傅做木作櫃，預算應該怎麼抓？

　　想要大概抓出木作櫃的預算費用，可從幾個地方來看，首先當然是櫃體使用的板材及五金材質，材質等級不同，價格自然有高低差異，從中選擇符合預算即可。另一個是工程時間長短，一般木作師傅一天工資約 NT.3,000 左右，木作櫃施工包含有裁板、裝訂及最後表面修飾等工序，大約要一個月，如此便可回推大概所需人工費用。

　　另外，櫃體數量與造型也是影響費用多寡的因素，櫃體數量多，造型比較複雜，自然拉長工作天數，費用當然也隨之拉高。有了以上基礎的認知，便可仔細想想，想做什麼樣的木作櫃，再來根據所需做預算的增減。

　　自行做好預算規劃，接下來便是請合作的木作師傅做報價，若師傅沒有浮報費用，但費用又超出預期，那麼可請師傅做更詳細的解釋，然後從中刪除部分項目，達到節省費用目的。最後，當雙方確定合作簽定合約時，建議再次確認尺寸、材質與工法，在合約中詳細註明，以免日後完成與當初約定不符而衍生出糾紛。

←使用材質、五金和櫃體數量、造型，會影響木作櫃費用高低，若預算超出預期，可從中做刪減項目來符合預算。

空間設計暨圖片提供｜禾光室內裝修設計

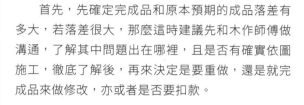

Q**11**

木作櫃完工後和設計圖完全不一樣怎麼辦？

　　首先，先確定完成品和原本預期的成品落差有多大，若落差很大，那麼這時建議先和木作師傅做溝通，了解其中問題出在哪裡，且是否有確實依圖施工，徹底了解後，再來決定是要重做，還是就完成品來做修改，亦或者是否要扣款。

　　若只是細節上的小瑕疵，則建議把問題條列出來，再交由師傅來做修改、調整，其中若有很在意的地方，一定要問清楚再改，等到全部修改完畢後，也要再次仔細驗收，確認沒有問題，且都有做好修正。

　　像這種成品和設計圖會出差現落的狀況，最容易發生在自己發包，這是因為少了設計師從中監工與調解，為了減少這種狀況發生，會建議在開工和工程進行期間，屋主要確實做好監工且依施工圖逐一確認。另外，師傅的好壞，會大大影響施作品質，所以在決定合作人選時，不要把費用當成唯一決定因素，而是要找有口碑且值得信賴的木作師傅合作，才會比較有品質保障。

◀雖說有設計圖做依據，但屋主還是要從一開始到完工，確實做好監工，避免成品出現落差。

空間設計暨圖片提供｜森叄室內設計

Q 12

木作櫃怎麼做才能更耐用？

木作櫃常用的木心板是由實木製作而成，若接觸到濕氣，就容易因受潮而發霉，所以想讓木作櫃用得更久一些，一定特別注意防潮問題。木作櫃直接貼壁容易受壁面濕氣影響，此時建議可在壁面加上一層防潮布來做出隔斷，其實防潮布費用並不貴，但卻能阻擋水氣，加強防潮效果。不像系統櫃有一種叫作調整腳的零件，木作櫃可以要求師傅櫃底要加腳，這是因爲地板容易聚積濕氣，藉由加高不讓櫃體直接落地，可避免直接觸濕氣，同時也能藉此調整地板水平。

Q 13

爲什麼櫃體和牆壁或櫃體和天花之間會有縫隙？是師傅沒裝好嗎？

由於天花、牆面原本就沒有達到完全水平或垂直，因此當立好櫃體後，自然會有縫隙產生。建議可以先在牆面鋪上板材，藉此拉直牆面，櫃體就能完全貼合牆面沒有縫隙。一般來說，在 5 厘米左右的縫隙都算是可接受的誤差範圍，可利用同色或相近色的矽利康塡補修飾，也能加上裝飾條修飾。若縫隙太大，就可能是施作過程造成誤差，建議與木作師傅溝通調整。

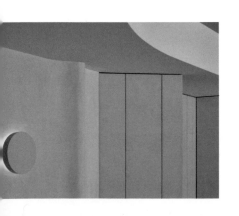

◀牆體鋪上背板，拉直垂直立面後再嵌入櫃體，就能避免牆面不平造成的縫隙。

空間設計暨圖片提供｜樂湢設計

Q 14

沒找設計師裝潢，木作櫃完
成後，自己要怎麼做好驗
收？

櫃子一做就可能要用好幾年，完工後若沒有仔
細檢查與驗收，不只用起來不順手，也可能影響收
納櫃使用年限，因此木作櫃驗收很重要，以下整理
出幾個驗收重點。

· 是否有按圖施工

雖說木作師傅基本上都會按設計圖施工，但仍
要檢查成品與構造是否跟設計圖一致，施工時則要
留意建材使用種類與品牌，是否如合約註明。

· 成品是否穩定且平整

確定固定櫃體是否穩定，若有出現晃動，則代
表安裝得不牢固，需再做加固或檢視櫃體結構。櫃
體表面應為平滑，不論是採用噴漆或貼皮修飾，都
應沒有任何鼓起或破損，若採用貼皮，則要另外注
意是否有殘膠遺留，收邊處也應要細緻無凸起。

· 五金配件的順暢度

木作櫃體搭配的五金，包含有門片、抽屜、推
拉門等，在驗收時測試每扇門開闔方向合理性，櫃
門開啟應該是順暢沒有阻礙，若開闔時發出怪聲，
則可能有問題，現場應立即調整或更換五金配件。

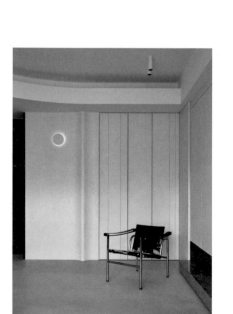

←櫃子通常會使用很久，因此驗收時除了成品外觀，有
　些小細節要細心檢查，以免日後使用不順手。

空間設計暨圖片提供｜樂湁設計

ⓠ15

聽說木作櫃門片很容易變形？要怎麼預防？

導致門片變形的原因，比較常見大致有：門片過長、板材尺寸出現誤差，又或者因櫃體變形導致門片也變形，針對這些造成變形的原因，以下提供幾種預防方法，來盡量避免發生變形。

1.門片加長，厚度也要增加

在訂製櫃子時，若是門片長度增加，則厚度也應該要隨之增加，如此一來承重力才足以支撐，受力才會平均，才能避免長期使用後，櫃門會因受力不均而變形。

2.施工材料要注意

有時可能只是板材運送過程受到擠壓，而讓板材有些許彎曲、不平整，又或者木作師傅裁切板材時，板材尺寸稍微差一點，雖然裝上去看不出來，但用久了也可能出問題。

3.避免濕氣影響

木作櫃最怕濕氣，若常期接觸濕氣，櫃體可能發霉導致櫃門變形，因此在衛浴、廚房等用水區域附近規劃有木作櫃，應適度做防水處理，居家空間盡量保持乾燥，減少濕氣產生。

←門片尺寸若比較大，要注意門片厚度也要配合調整，以免因受力不均，日後出現門片變形問題。

空間設計暨圖片提供｜穆豐空間設計有限公司

空間設計暨圖片提供 | 日作設計

POINT 2 系統櫃

隨興組合不受限，
靈活彈性兼具美感

系統櫃藉由規格系統化，讓價格變得親民、施工更簡單快速，而成為現今居家收
納主流，但制式化的設計，容易給人呆板，不夠靈活彈性的印象。不過隨著科技
的進步，系統櫃材質多了更多的變化與選擇，因而可在保有原來優勢前提下，呈
現出不同質感，擺脫單調無趣，同時還能利用不同櫃體樣式靈活組合，來因應空
間做變化，雖仍受限制式規格，但確實可更貼近使用者需求，落實居家空間美感
與收納需求。

工程時間	工時較短，約 7 ～ 10 天，板材在工廠已裁切好，運至現場卽可組裝，施工天數較能掌握。
設計變化	可依收納需求搭配不同樣式的櫃體，但無法做出特殊造型變化。
重複使用	可拆卸，重複利用，但可能會產生拆除、運送等相關費用。
品質	統一由工廠完成裁切，品質較爲穩定，但不同廠商品質不一，需愼選系統家具廠商。
費用	除了板材、五金外，櫃體內部的各種收納零件，也可根據需求、預算，自行增添，價格較爲透明可控制。

　　顧名思義，就是將板材系統規格化，在客戶確定樣式下單後，櫃體使用的板材元件，便會在工廠預先裁切，然後再運至現場進行組裝。櫃體雖系統規格化，但並非完全不可變化，仍可根據個人喜好、預算及需求，隨意組合板材、門片、顏色、紋理等，來滿足美感要求。過去系統櫃給人單調、廉價印象，一方面是因爲品質不佳，表面裝飾材的花樣、紋理選擇不多，如今不只品質提昇，就連仿木紋、仿石紋等裝飾材擬眞度高，花樣也豐富多樣，提供消費者更多選擇，也能對應各種居家空間風格需求。

　　目前系統櫃仍無法如同木作櫃一樣，做出曲線、圓弧等造型變化，但外觀藉由多樣的裝飾材，能達到美化視覺目的，至於實用的收納空間則可利用不同櫃體樣式組合，讓畸零區域發揮效用，收納空間使用更極致，更貼近使用需求。相較於木作櫃依賴師傅個人技術與經驗，透過規格化作業讓品質較爲一致，且可不斷重新組裝、重複使用，對於不追求特殊造型變化，重視預算、有收納需求的屋主來說，較能掌控預算，對環境相對友善的系統櫃，不失爲一種選擇。

施作流程

STEP 1 · 前置作業

業者到施工現場進行初次丈量，以便後續進行報價。

STEP 2 · 報價

根據初次丈量尺寸結果，進行初步報價，方便屋主預估預算。

STEP 3 · 設計規劃並製圖

製作詳細完整的系統櫃立面圖，說明櫃體結構、尺寸。

STEP 4 · 設計定稿

確認使用板材，至現場再次丈量尺寸，顏色、尺寸定案後，確定最終報價。

STEP **5** · 付訂下單

收取訂金，依照定案圖面下單。

★施工 tips：每家廠商作業流程有所差異，最好和廠商確認交付訂金時間點，及訂金要收取多少。

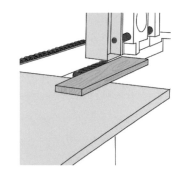

STEP **6** · 施工

出貨至現場安裝。

★施工 tips：一般施工時間依櫃體數量約 1 ～ 5 天。

STEP **7** · 驗收

完工，屋主驗收施作成果。

★施工 tips：系統櫃好不好用，五金很重要，每扇櫃門都要打開、關上測試，感受鉸鍊順暢度，檢測螺絲是否有鎖緊、櫃門與櫃體是否密合。

STEP **8** · 尾款

付清尾款結案。

常用材質

板材

- 塑合板

塑合板又稱粒片板，是一種人造板材，製作方式是將原木打碎成粒狀木材後，加入膠合劑，再透過機器以高溫高壓製成裸板，接著在裸板的兩側表面，壓合一層美耐皿。由於台灣木材多仰賴進口，並不適合需大量木材原料的塑合板，因此目前市面上的塑合板，大多是從歐洲、大陸或東南亞等地進口。

塑合板因膠合密度高、空隙小，不易變形，加上施工方便、價格低，所以很多平價家具、系統家具多會採用塑合板，雖說缺點是不耐潮濕，但只要避免在潮濕的地方使用，通常都能使用約 10 年至 15 年。

- 密集板

也有人稱為密底板或纖維板，主要製作方式，是將木材打成木屑粉末狀後，加入樹脂或膠合劑混合，接著再以高溫、高壓製成板材，與塑合板一樣，會在裸材兩側表面貼美耐皿，但密集板裸材質地比塑合板更細密，表面也較為平整光滑。密集板為環保建材，價格便宜、易塑型，因此常見運用於居家空間。

密集板常見有 0.3cm、0.6 cm、0.9 cm、1.2 cm 等厚度，也可依照需求製作不同厚度。密集板密度接近一般木材，重量比塑合板重，但有易受潮變形、無法承重的缺點，因此多使用於價格較低的大眾化家具，或者做為櫃體的側板、背板。

- 發泡板

由聚合物發泡劑製成的一種輕質板材，為了更好清潔、耐髒，會將美耐皿熱壓於發泡板表面，讓板材有防焰、耐刮、抗靜電等效果，發泡板本身並無甲醛，但製作過程中可能添加甲醛或其他揮發性有機化合物作為黏合劑，所以還是要注意板材甲醛含量。

由聚合物發泡劑製成的板材自重輕，有良好的防潮性，因此在浴室或易產生濕氣的區域，適合用發泡板來做為該區的櫥櫃板材。雖具防潮性，但其抗壓性、抗彎曲性較低，做為門片或承重櫃體，需使用五金支撐使其更為穩固。

其它零件

-KD 結合器

系統櫃的鎖合五金，由於系統櫃多使用低甲醛防潮等級的板材，因此使用更為堅固的 KD 結合器，來讓板材緊密結合。容易安裝和拆解，較節省施工時間。

- 調整腳

安裝地面有時不夠平整，因此會在櫃體底部安裝調整腳來校正水平，櫃體安裝完成後會封上踢腳板遮掩美化。調整腳也有架高櫃體避免與地面接觸防潮濕目的。

- 層板粒

用來支撐層板，一般會依據層板材質，選用適合的款式，如：玻璃層板會在層板粒加裝橡膠套圈防止滑動。

- 封邊條

櫃體表面會貼覆表面材質，貼覆完成後，需將外露端黏貼相同顏色的封邊條，這就是封邊，根據材質常用的封邊條大致有以下兩種：

1.PVC 封邊條

系統櫃最常使用的封邊條，厚度約 0.5mm，外型薄薄一片，比 ABS 封邊條更薄，稱為「薄邊」。有各種紋理、顏色，抗開裂性佳，觸感單薄、較銳利、容易刮手，常用於不常碰觸到的桶身、側板等地方。

2. ABS 封邊條

厚度約 1 ～ 2mm，價格比 PVC 封邊條高，封邊加工後會修成圓角，因此封邊處摸起來圓滑不割手，比較安全。主要用於門片、開放性櫃體、檯面等，容易看到、碰觸到的地方。

常見用語

- 活格（活動式隔板）

可活動式隔板便稱為「活格」。通常需搭配做為支撐的層板粒，讓層板可隨意更換調整高度。

- 固格（固定隔板）

固定指的是無法移動的層板。固定隔板是為了強化桶身使其更加堅固，避免桶身放置重物變形，一般會搭配固隔器和固隔螺絲固定於桶身。

- 補板

補板通常有兩種情況，一種是修飾性補板，也就是櫃體定位後表面補板，如：利用相同顏色的板材修飾踢腳板，另一種則是櫃體的側面或背面，因牆面不平出現縫隙，此時會用相同顏色的板材進行填補，再以矽利康填縫固定。

- 排孔

在左右側板各有兩排小孔，小孔間距通常約為 32mm，主要用來讓層板可自由調整高度，一般都會打排孔，但若有特殊設計，也可要求不打排孔。

- 踢腳板

利用一塊板材遮住櫃體與地面縫隙，視覺上看起來更為美觀，若有需求，也可以在踢腳板增設插座。

Q 1

要換新房子，家裡原有的系統櫃可以搬走再利用嗎？

　　系統櫃是將多個獨立櫥櫃依需求做組裝設計，所以在搬家時理論上可將系統櫃拆卸，再帶到新家重新組裝再利用。但除非是短時間內換屋或租屋族，否則實務上系統櫃的重複利用率並不高。

　　主要是因為板材是以粒片板膠合製成，本身就有時效性，而且系統櫃裝潢如果已歷經了 5 ～ 10 年多少會有損壞折舊；加上系統櫃組裝工法就是利用板材打洞，再以銅珠鎖釘固定，而板材上的孔洞鎖緊又旋開，這樣重複的動作勢必造成損耗，到了新家再利用時，有可能會導致系統櫃有鬆動、不穩固等問題。

　　另外，新房子需要的櫥櫃量與舊屋不一定相同，所以實務上將舊屋系統櫃搬走再利用的案例不太多。但若是真的想要將系統櫃重複利用也不是不行，建議可以請原來的系統櫃廠商先做評估，查看板材無破損、受潮，而且拆解螺絲、運送，以及新家安裝合適與否，透過專業師傅來執行會較有保障，也提醒消費者重複利用雖然較為環保，但所需運費、拆、組費用也不少，所以還是應該要請人估價再決定是否划算。

◄ 理論上系統櫃可拆卸重新組裝再利用，但需先考慮是否已歷經 5 ～ 10 年，且現狀是否有損壞。

空間設計暨圖片提供｜日作設計

Q2

預算有限，用系統櫃裝潢是不是可以滿足收納又節省預算？

　　傳統觀念認為木工櫃需要師傅現場施工，看起來很「搞工」，系統櫃就只是組裝應該比較便宜，但系統櫃與木工的價差恐怕不如想像中大，無論木工裝潢或做系統櫃，省錢關鍵其實都在於建材等級與工法複雜度。特別是系統櫃造價高低的決定因素就是來自於板材等級與五金配件多寡，一樣大的櫃體會因選用的板材與五金不同而有明顯價差。

　　至於木工櫃的價格除了建材外，還要考量做工難易度與工程期長短等因素，畢竟木工師傅是採日薪計價，每多一天都要再加價，所以造價也會因工法難度而提高。

　　不過，最近系統櫃也能配合作簡單的曲線造型，做法可在邊櫃以 CNC 切割出想要的造型，這些同樣是在工廠先製作裁切後，再運送到現場組裝，但須注意只要增加弧線或造型變化，價格就會跟著提高，所以若有預算限制，建議系統櫃盡量選擇以直排櫃，並依廠商提供的固定尺寸櫃體為主，以避免預算用在花俏設計上。至於板材與五金則可依自己的預算與需求請廠商報價，達到理性規劃系統櫃的目的。

←木工櫃和系統櫃，只是施工上的差異，若目的是節省
　預算，關鍵其實在於建材等級與工法複雜度。

空間設計暨圖片提供｜日作設計

Q 3

系統櫃內部配置與機能配件，怎麼規劃才好用？

首先，先釐清每座櫥櫃的用途，例如在玄關或客廳的櫃體，內部規劃就與臥室的衣櫃不同，特別是系統櫃若有專屬用途，像是要擺放公仔、餐具或是藝術品的櫃子設計都會有所不同，這些考量都必須在規劃前事先確認，以免做出來的系統櫃外觀中看，但內部卻不好用。

各區櫥櫃的內部規劃也有重點，例如玄關鞋櫃層板高度的間距通常抓 15cm，如果家中有小孩也可將孔洞間距抓小一點，方便調整層板高度來擺放不同尺寸的鞋物。

至於客廳系統櫃若有展示需求則要考慮是否需建置燈光，層板可能要採用玻璃板；另外，櫥櫃要做開放式或穿插門櫃，這些都要事先提出。

最後在衣櫥部分，則應統計收納衣物如大衣、襯衫、洋裝及摺疊衣物各有多少數量，並依此訂定出吊桿櫃、格子櫃或抽屜櫃等內部格局，讓櫥櫃的收納效率更高。

←釐清每座櫥櫃的用途，如此才能讓系統櫃內部配置與機能配件選用得宜，進一步將收納空間用到最極致。

空間設計暨圖片提供｜日作設計

Q4

系統櫃五金很重要，怎麼挑？要注意哪些細節？

　　系統櫃要能順利運作或提升效能，少不了要選配一些五金配件，常見的五金配件如絞鍊、抽屜滑軌、緩衝五金以及吊桿、各式拉籃、格子盤等，消費者在挑選這些五金時除了應掌握配件本身的功能與材質外，特別是針對輔助櫥櫃移動或支撐的五金配件，因爲這些會影響系統櫃的使用壽命與好用度，所以更應審愼選擇。

　　例如門片上的五金絞鍊、抽屜或拉籃滑軌等，除可選擇有信譽的大品牌，有些廠商還能提供耐用度的檢測報告。另外，安裝時也應注意高低平衡與移動順暢度，特別是施工時螺絲安裝不可旋得過緊或過鬆，以免影響五金使用年限。

　　建議在系統櫃安裝完工後，每一扇門、每一個抽屜都要實際去打開、關上作測試，仔細觀察是否平穩且無異音；還有鉸鍊是很精密的機械裝置，如果安裝時櫃門邊有粉塵殘留，也要仔細清理乾淨，以免卡在絞鍊上造成損傷，久了也可能出問題。

←五金配件看起來只是小東西，但好用與不好用卻天差地別，甚至會影響系統櫃使用壽命，所以要愼選。

空間設計暨圖片提供｜沐白設計

Q5

聽說系統櫃板材耐重較差，這樣可以拿來做書櫃或衣櫃嗎？

　　系統櫃板耐重性確實較木工櫃常用的合板或實木板略差，所以不少人家裡系統櫃時間一久，就產生了俗稱的「微笑曲線」，也就是承重的層板產生變形彎曲的現象。爲了避免發生這種窘態，當系統櫃是用來收納較重的物品，例如：書籍或電器類，一定要事先從這兩個方向來做補強設計。

　　首先就是增加板材厚度，一般系統板的厚度有 1.8mm、2.5mm 及 3.2mm 三種可供選擇，若無特殊需求的系統櫃，多半會選擇 2.5mm 厚的板子來設計層板，但如果是用在書櫃或擺放重物的櫥櫃，建議應選用 3.2mm 厚的系統板，直接提高板材的承重力。

　　其次，就是置放重物的櫥櫃寬度設計建議跨距不要過寬，一般系統櫃有固定寬度，正常 30cm 或 60cm 的櫃寬都還可以承受，一旦櫥櫃的寬度超過 80cm 則需要在中間加設立板，而且放的物品重量越大，立板的跨距就應該更近些，藉由這些立板來增加層板的承重力，這樣就能解決系統櫃板材耐重力較差的問題。

◀ 系統櫃板材耐重性確實較木作櫃略差，挑選板材厚度與設計櫃體寬度時，要確認櫃體預計放置物品類型與重量。

空間設計暨圖片提供｜日作設計

Q6

門片、板材、五金，系統櫃
的費用怎麼分配比較好？

考慮很久後決定新家櫥櫃要用系統櫃了，原本
以為看起來簡約的系統櫃，價格應該相對便宜，但
是看著型錄挑挑選選後，最後報價竟然意外超出預
期，甚至比木工做的還貴，到底系統櫃的費用該怎
麼分配比較好呢？

基本上系統櫃的基礎元件就是櫃體板材、門片
與五金配件三大類，若無特殊需求狀況下，專家建
議將預算依據櫃板 40%、門片 30% 以及五金 20%
的比例作分配設計，另外可保留 10% 來選配自己需
要的收納零件，這樣配置比較能掌控整體預算，尤
其特殊的收納零件如各式拉籃、分格盤等，價格都
不便宜，除非預算無上限，否則應避免選配過多配
件而讓整體造價爆升。

此外，櫃體桶身的主要建材就是板材，這部分
因為有多種等級、材質可供選擇，價差也高達三到
四成之多，所以選用哪一種等級的板材，進口或國
產也是價格高低關鍵。至於門片也會因為有無裝飾
或表面貼皮而有價差；若想省預算，甚至可以將部
分櫥櫃做開放櫃，減少門片費用，但無論怎麼選擇
最後還是要回歸個別需求。

←系統櫃基礎元件為櫃體板材、門片與五金配件，比例
　可依個人需求與預算來做分配。

空間設計暨圖片提供｜沐白設計

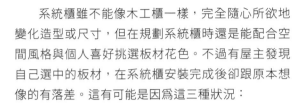

Q7

系統櫃完成後，花色和原來想像差很大，怎麼會這樣？

系統櫃雖不能像木工櫃一樣，完全隨心所欲地變化造型或尺寸，但在規劃系統櫃時還是能配合空間風格與個人喜好挑選板材花色。不過有屋主發現自己選中的板材，在系統櫃安裝完成後卻跟原本想像的有落差。這有可能是因為這三種狀況：

1. 挑選色樣時只看小樣板，所以可能只見到局部花紋，特別是延續性的花紋，或者是大紋理的板材，很容易出現小樣板與大樣感覺差異性很大，所以完成後的系統櫃跟想像會不一樣。

2. 小樣板除了無法看到花色全貌外，小樣板色彩強度也與大面積系統櫃不同，特別是高彩度或深黑色調的牆櫃，小樣板感覺蠻不錯的，但放大到整個牆櫃可能就有壓迫感，如果是用在小空間中，凸兀感會更明顯。

3. 空間光線與燈光也是關鍵因素，畢竟色彩與光線是有互動性的，同一花色用在採光差與明亮的房間中顏色就會不同；或是選用黃光與白光的空間中也會有差異，這些都是在選擇花色時必須事先考量的因素。

綜觀以上因素，建議選板材花色時最好能親自去看大樣板，或是實際參觀已完成櫥櫃的空間，這樣較不容易出問題。

←挑選花色一般多是提供小樣板，但有些花色較難聯想用於大面積的效果，容易在完工後感覺有落差。

空間設計暨圖片提供｜日作設計

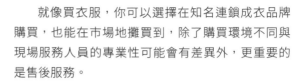

Q8

系統櫃廠商有分工廠直營和一般門市，怎麼選？有什麼不同？會有價差嗎？

就像買衣服，你可以選擇在知名連鎖成衣品牌購買，也能在市場地攤買到，除了購買環境不同與現場服務人員的專業性可能會有差異外，更重要的是售後服務。

有門市店面，甚至是連鎖品牌的系統櫃廠商，通常會針對板材、五金零件等都有提供不同年限的售後服務及保固期限，例如板材 5 年～ 15 年、五金零件 2 ～ 3 年不等的保固期，期間系統櫃體若有非人為損害的損壞，廠商也會派員前往家中維修，這些服務都可在選購前先問清楚，並且簽約時在合約中議定並以白紙黑字寫明確。

反觀工廠直營店則不見得會有保固期，相對較無保障，即使有合約與保固期，也會因為沒有門市感覺較不安心，畢竟系統櫃一用好多年，通常出問題也會在數年後，屆時還能不能找到廠商也不知道。

另外，門市的板材或五金多半有來源證明，以及綠建材或各種檢測證明書，這些都可以讓你知道家中用的板材等級或有無汙染問題，品質較有保障。不過相對地，門市店與服務人員都需要更多經營成本，價格自然比工廠直營貴，就看個人選擇。

←工廠直營店價格可能比較便宜，但售後服務較無保障，門市店價格高，事後若有問題，廠商也會派員維修。

空間設計暨圖片提供｜沐白設計

Q9

家裡空間不方正，容易有畸
零空間，適合用系統櫃嗎？

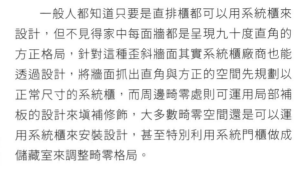

一般人都知道只要是直排櫃都可以用系統櫃來設計，但不見得家中每面牆都是呈現九十度直角的方正格局，針對這種歪斜牆面其實系統櫃廠商也能透過設計，將牆面抓出直角與方正的空間先規劃以正常尺寸的系統櫃，而周邊畸零處則可運用局部補板的設計來填補修飾，大多數畸零空間還是可以運用系統櫃來安裝設計，甚至特別利用系統門櫃做成儲藏室來調整畸零格局。

除了簡單的補板，若想要增加系統櫃的收納量與美觀性，當天花板高度高過 240cm 上方，或牆面寬度有多出來時，也可以在天花板縫隙，或是系統櫃與牆面之間的剩餘夾縫，另外再裁製板材製作疊櫃或縫隙櫃來填補，填補的櫃子因為尺寸不是常規品，會造成板材浪費所以造價會高些，但是這樣也能讓整體系統櫃更美觀完整。

此外，現在也有系統廠商推出簡單的圓弧板，或者是利用 CNC 切割再封板的工法，讓系統櫃也能滿足更多造型設計與創意，這部分只要消費者提出需求，都可請廠商作評估與報價。

←系統櫃並非只有直排櫃這種設計，另可利用補板、縫
　隙櫃等方式，來修整畸零空間。

空間設計暨圖片提供｜日作設計

Q 10

估完價，發現系統櫃沒有比較便宜，怎麼會這樣？怎麼做才能省一點？

　　很多消費者會感覺木工是由師傅專門量身訂造的，而系統櫃都是規格品，就像是訂製服一定會比成衣貴，所以用系統櫃應該要比較便宜。

　　但是，實際上向廠商詢價後卻發現同樣尺寸的櫥櫃，假設木工櫃要價 NT$.10.000 元、系統櫃可能也要 NT$.9.000 元，兩者價差其實不到一成，這種狀況主要是因為一般居家都是小量訂貨，而且一樣需要設計人員現場丈量、量身設計以及櫥櫃內部規劃，過程與訂製品差不多，價格自然也無法壓很低。

　　但系統櫃其實也有木工櫃無法取代的優點，例如除了現場施工期快速外，系統櫃板材都是工廠製作，所以色調、品質都更有一致性，而木工現場噴漆或做工就有可能有差異性，且易在現場留有膠水或噴漆等有害揮發物質。

　　最後，訂製系統櫃能否省錢，最關鍵的就是板材盡量不要浪費，也不要過多造型設計，盡量選用規格品來設計，而且開放層板櫃會比有加門片的櫃子更便宜；五金零件也不要選用太多拉籃或收納配件，以免造價飆高。

←雖不是量身訂製，但系統櫃一樣需現場丈量、量身設計，做櫥櫃內部規劃。

空間設計暨圖片提供｜沐白設計

Q 11

系統櫃做完後想更改，有可能嗎？修改費會很貴嗎？

　　設計的存在目的就是要來解決問題，所以系統櫃做完後若發現有問題，想更改當然還是可以，只是想修改就是需要再增加費用。

　　所幸的是，系統櫃的設計原理就是模組化，也就是以各個尺寸的零件組裝而成，簡單說就是像積木一樣可變化或抽換成不同排列組合，設計的彈性頗大，所以做完後想要局部修改對於整體影響性也會較小些。相較之下，固定式木工一開始設計的多元性雖較高，但一旦完成才發現錯誤想修改就不容易，很有可能只能報廢重做。

　　關於系統櫃修改的費用，可能會因不同廠商的服務規範與報價有所不同，但可能追加的費用來源主要是因設計修改而額外增加的板材費用、二次組裝的工錢以及運費等，這些也會因為修改幅度大小而做適度加價。當然，做好的櫥櫃如果尺寸不對且無法移作它用，或想更換門片花色也可能還是要報廢，所以設計前還是要仔細溝通才不會造成浪費。

◀系統櫃做完後若發現有問題，想更改當然可以，但可能會增加板材、組裝費與運費。

空間設計暨圖片提供｜沐白設計

Q 12

系統櫃只能做櫃子嗎？簡單
家具是不是要另請木工師傅
來做？

不常接觸室內裝修的人可能認爲系統櫃主要就是做櫥櫃，但其實系統櫃不只能做櫃子，也可利用系統櫃板材做成各種家具或是取代作爲隔間牆櫃，甚至設計師也能發揮創意，將系統板材設計成具有裝飾性的造型牆面，如利用深色板材做結構板，打造出如同鐵件櫃一樣的質感與視覺效果。

系統櫃因使用的板材有綠建材及國家認證，加上組裝時也不需要用到黏著劑，可減少對居家環境的污染，較環保也更健康，所以近年來越來越多屋主不僅收納規劃會選用系統櫃，也願意以系統櫃板材來取代部分木工。

另一部分，設計公司也與系統櫃廠商配合，透過更多元的產品研發設計更精緻的系統櫃，例如圓弧板或像是水泥板等更多花色可在空間設計上變化出更多可能性，不少傳統倚賴木工完成的書桌、化妝桌或簡約造型牆都可以事先請系統商在工廠做好，再到現場快速組裝完成。不過，若是較複雜的曲線或造型裝飾仍不建議用系統櫃來設計，不僅難達成，同時價格也會提高，不如搭配局部木工師傅來完成。

←系統櫃廠商除了可訂製收納櫥櫃，書桌、化妝桌、造
　型牆等，也可以利用系統板材完成。

空間設計暨圖片提供｜日作設計

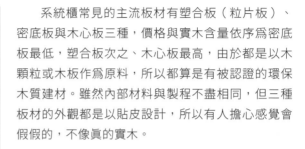

Q 13

喜歡木質的東西，系統櫃算是木頭嗎？如果只是貼皮，會不會看起來很假？

　　系統櫃常見的主流板材有塑合板（粒片板）、密底板與木心板三種，價格與實木含量依序為密底板最低，塑合板次之、木心板最高，由於都是以木顆粒或木板作為原料，所以都算是有被認證的環保木質建材。雖然內部材料與製程不盡相同，但三種板材的外觀都是以貼皮設計，所以有人擔心感覺會假假的，不像真的實木。

　　其實現在的印刷技術與紙造品質相當好，所以系統板的木紋擬真度也都不錯，而且系統板有多元木種紋理，再搭配深淺色調變化，可以變化出數十種以上的花色，選擇性算是相當多，甚至表面還能有做舊處理來增加木材的真實感。

　　如果很在意系統板的觸感，也可以選擇有立體紋理的高質感系統板材，花色與質感看起來都與實木的差異性不大，當然價格與實木也相去不遠。不過系統板的貼皮表面具抗刮磨的保護層，也能用濕抹布擦拭，所以比起很多實木更易保養、耐用。最後，如果這些都無法滿足，也能選擇實木貼皮的板材來做系統櫃。

←現在貼板技術與品質有一定水準，若仍在意看起來假假的，也可使用價格較高的實木貼皮的板材。

空間設計暨圖片提供｜沐白設計

Q 14

會做過系統衣櫃卻很難用，
怎麼設計規劃，才能裝得多
又好用？

系統衣櫃要好用，在規劃時一定要回歸需求面，第一件事就是考量個人穿衣習慣與收放衣物的邏輯，並參酌自己預算，從中找到平衡點才能做出好用的系統櫃。正常系統櫃高最高可達 240cm，但考量取放衣物的順手度，經常拿取的衣物應規劃在舉手可及之處，大約是 200cm 以下的櫥櫃區，而 200cm 以上可做層板規劃為換季物品或棉被、備品區。

衣櫃中可依自己衣物的類別與數量分門別類作成吊衣區、層板與抽屜，其中長大衣、洋裝等長衣區櫃高約 120～140cm，夾克、外套等中長衣則約 100～120 cm，襯衫、裙褲只需 60～90 cm，這些雖然都是要吊掛的衣服，但長度不一樣，櫃高還是有差異，所以可以利用較短吊衣區下方增設抽屜或層板來增加收納量。

另外，考量成人肩寬約 55～58 cm，開放式吊衣櫃櫃深應至少有 58cm 以上才不會卡卡的；如果是門櫃則要有 60 cm 以上。抽屜櫃內可以搭配大格櫃或拉籃等五金配件，如果有精品包或香水也能選擇玻璃門櫃來設計，達到量身訂做的衣櫃效果。

←根據自己的穿衣習慣與收放衣物邏輯，以此做為規劃原則，系統衣櫃才能真的好收又好用。

空間設計暨圖片提供｜沐白設計

挑選系統櫃板材時，要特別注意什麼？

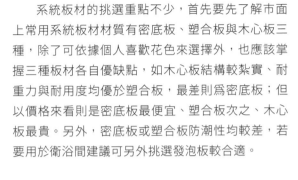

系統板材的挑選重點不少，首先要先了解市面上常用系統板材材質有密底板、塑合板與木心板三種，除了可依據個人喜歡花色來選擇外，也應該掌握三種板材各自優缺點，如木心板結構較紮實、耐重力與耐用度均優於塑合板，最差則為密底板；但以價格來看則是密底板最便宜、塑合板次之、木心板最貴。另外，密底板或塑合板防潮性均較差，若要用於衛浴間建議可另外挑選發泡板較合適。

挑選板材要考量的因素不少，如果是需較高承重力的櫥櫃要特別注意板材厚度，常用層板厚度為 1.8cm、2.5cm 及 3.2cm 三種，可以依據想收納的物品重量作選擇，例如書櫃就應選 3.2cm 的厚板材，以免變形。

甲醛含量也是系統板材很重要的挑選指標，依國家標準區分為 F1、F2 及 F3 三種，其中甲醛含量最低為 F1，F3 則最高；若是歐洲進口板材則是以 E0、E1、E2 做等級規範，同樣是數字越低甲醛含量越少。另一重點是防潮係數，依等級可分為 V20、V100、V313 三種，防潮係數的數字越高代表防潮性能越好，價格當然也相對較高，消費者可綜合各種因素作挑選。

←挑選板材除了板材材質、厚度與甲醛含量，考量到台灣氣候，防潮係數也要特別注意。

空間設計暨圖片提供｜沐白設計

Q 16

用了好多年的系統櫃，想配合空間改變風格，有可能嗎？

一般系統櫃如果平時使用得宜，大多可使用5～10年，若是保養的好，甚至有可能用10年以上，其間若家中重新裝潢，難免會有與居家風格不搭的問題，此時不想花太多錢，又希望快速改變櫥櫃樣貌的方法，就是更換門片。

基本上只要根據空間風格及預算，選擇適合的門片樣式即可，但若想讓風格更完整，那麼乍看毫不起眼的門片把手，會是不能忽視的一個重要細節。

首先，門片把手大致可分為單孔、雙孔、隱藏式把手和埋入式把手，單孔和雙孔把手樣式多，挑選時根據古典風、現代風等空間風格來挑選樣式及材質，要注意的是，若門片面積比較大的話，不適合選用單孔把手；隱藏式把手和埋入式把手，主要目的是讓整個立面更顯俐落簡潔，因此很適合現代風、北歐風這種線條簡約的風格。

另外，還有一種俗稱拍拍手，其實就是在門片裝上一種特殊五金，來讓門片可以按壓方式開啟，拍拍手雖然讓門片外觀看起來極簡，使用起來也很方便，但門片開啟頻繁，因此五金品質需慎選。

←在挑選門片把手時，除了實際使用功能，材質、設計也應根據整體空間風格來挑選。

空間設計暨圖片提供｜PHDS 樸和設計

Q 17

系統櫃一定要專人組裝嗎？可以自己買回來組裝嗎？

基本上，不建議系統櫃自行拆卸組裝。雖說看起來都是採用模板組裝而成，但其實系統櫃和大賣場販售的組裝家具大不相同，系統櫃製作時，事前皆經過現場丈量，系統櫃能與空間完整密合，而且現場若發生任何問題專人可依經驗處理，減少錯誤發生，由專業人員正確組裝，也有利於延長櫃體使用壽命。

Q 18

要怎麼確定我適合選系統櫃還是木作櫃？

首先，先確認家中需收納的物品的量，若收納的需求量大，那麼規格統一，且可依照物品大小、尺寸選配各種零件的系統櫃是比較好的選擇，因為只要選用規格內的板材和零件，既能滿足需求也能掌控好預算，雖說木作櫃同樣能做到量身訂製，但若設計繁複，可能影響製作工期，導致費用增高。

另外，裝修時若家中格局沒有重大更動，只是輕裝修或局部裝修的話，也很適合採用系統櫃，因為系統櫃製作時間只需約 2～4 周，施作速度比木作櫃快，而且施工現場不易產生粉塵髒亂，事後打掃較不費力，屋主也能快速入住。

←若只是簡單居家裝修，想完工快速入住的話，採用製作期短的系統櫃會比木作櫃適合。

空間設計暨圖片提供｜卡特設計

CHAPTER

3

空間實例

1

鐵櫃井然收納，廊道也美！

HOME DATA ────────

坪數：40 坪｜屋型：中古屋

空間設計暨圖片提供｜日作設計　文｜Fran Cheng

隨著小孩長大，屋主一家四口的東西也變多，導致可用空間越來越小，如何重整收納成為翻新裝修的第一要務。另外，因接近山區，潮濕、陰暗及不通風等問題也是亟待改善的重點。

為此，設計師將舊格局重整，先在入門處規劃玄關櫃及儲藏間，一來可收納鞋物及大型物品，同時還能遮蔽鄰居窺視目光，遮掩後方廊道與私密區。在公共區則跳脫傳統型態，除保留沙發區，以電視柱取代隔牆，並搭配架高地板區讓親友訪客有多一處休閒角落，也讓孩子在這邊午睡、玩耍、寫作業。

多功能平台一來放大起居區，周邊的開放餐廚區也變寬了，更重要的是格局變得通透後，餐區與走道採光、通風也一一被改善。另一方面，為了收拾逐日增多的物品，沿著轉進房間的 L 型動線牆架設綿延的鐵件牆櫃，體積龐大卻輕薄的鐵櫃牆既能收納大量書物，俐落造型更成為令人印象深刻的特色端景。

纖薄鐵件書牆吸睛、好收納

因為家中數量最多且難收的就是書籍與玩具，但這個窘境反而成了一座大量體卻俐落的書牆設計契機，但考慮偌大櫃體與書籍可能造成量體壓迫感，選擇以纖薄感的鐵件材質為主架構，也增添俐落個性美感。

儲藏室防窺又添格局層次感

大門處先增設一座鞋櫃與儲藏室來界定玄關區，也方便收納大型物品，同時增加格局層次、隔開門外窺視的目光，讓屋內開放平檯、餐廳與走道都有了遮蔽，而玄關側牆則有整理儀容的玄關鏡，也能遮掩電箱等設施。

架高平檯併客廳放大起居區

將公共與私密區之間的過渡空間以架高地板設計為多功能平檯，讓客廳與平檯合併為更大的起居空間，也能讓來訪親友有更多活動空間，再搭配電視柱與下方開放收納櫃，讓遊戲機與視聽電器都更好收納。

鐵櫃放寬動線、空間變明亮

為了能收納更多書籍、玩具,決定以鐵件櫃沿動線設計成
L 型書牆,鐵櫃延伸向窗邊規劃為書桌與架高多功能平
檯,孩子們可在這裡玩玩具、寫功課或午睡,而走道也因
開放鐵櫃而有放寬、變明亮的感受。

長桌 & 電器牆提升餐廚機能

將原本餐廳的大圓桌改換長桌搭配靠牆長椅設計,除了省空間、畫面更簡約,也能坐下更多人;而側牆則將原有電器搭配櫥櫃重整,設計為完整電器牆,兼顧了烹調方便性與收納機能。

2

整合畸零角落，
處處暗藏
儲藏室、隱形櫃

HOME DATA ─────────────────────────

坪數：37 坪｜屋型：中古屋

空間設計暨圖片提供｜樂湁設計　文｜EVA

　　這間 37 坪的中古屋雖然僅有夫妻兩人居住，但眾多的
生活用品亟需歸納整理，再加上女主人喜愛手作，也需要
另闢一間書房當工作室。

　　在格局上，考量到玄關與客廳之間正好有一塊畸零空
間，特意圈出隱形儲藏室，內部能放置換季家電、露營用
品，而透過拉齊空間，收整崎嶇角落，也為未來預留充足
收納。對側則沿牆安排 L 型櫃體，置頂設計滿足大量收納
需求，深色木皮與木地板相呼應，創造連續性的視覺效果。

　　既然收納被滿足了，客廳、餐廳則弱化櫃體，讓空間
留白，電視牆僅安排懸浮平檯放置視聽設備。餐廳以開放
式餐櫃取代，中央採用石紋大板磚鋪陳檯面，締造輕奢氣
度；底櫃無把手設計則與一旁的隱形門相呼應，維持簡潔
俐落的線條。書房依照女主人需求，部分安排開放櫃放置
縫紉設備和材料，書桌與開放櫃同高，坐著就能方便隨時
取用，動線一氣呵成。

滿牆櫃體，擴大收納量

L 型木質櫃體從玄關一路延伸到客廳，置頂設計蘊含充足的收納空
間，能同時滿足玄關、客廳和餐廳公領域的收納需求，小家庭的生
活用品全都能收齊。

巧用畸零角落，拓增儲藏空間

運用玄關原有畸零空間，圍出一坪大的儲藏室，不僅有效擴大收納量，與相鄰的置頂木櫃對齊立面，空間視覺更完整俐落。儲藏室外牆也嵌入穿鞋椅，提升便利機能。

淨白餐櫃，流露高雅氣息

餐廳背牆與三間臥室以及廚房相鄰，沿牆嵌入櫃體，順勢與房間門片拉齊，形成簡潔立面。餐櫃中央鏤空，50cm 深度能當作茶水吧檯，下方櫃體也方便收納餐具與食材備品。檯面以石紋大板磚鋪陳，為全白櫃面增添高雅大氣質感。

窗邊畸零角全用盡

書房選用深木色塗裝板打造櫃體與書桌，櫃板特意突出，
增添立體視覺層次。開放櫃依照縫紉設備尺寸量身訂製，
能完美嵌入收納。窗戶旁原有畸零角落巧妙嵌入櫃體，增
添收納空間，窗下可藏入掃地機器人，提升空間坪效。

臥榻暗藏收納，提升坪效

沿著主臥的八角窗台安排臥
榻，與梳妝桌一體成型，形
塑迷人的悠閒氛圍。臥榻除
了在下方安排抽屜，側面更
暗藏門片櫃，女主人的用品
都能藏入桌側，空間一點也
不浪費。

—3—

邏輯櫃體規劃
讓收納成為一種享受

HOME DATA

坪數：25 坪｜屋型：新成屋

空間設計暨圖片提供｜PHDS 模和設計　文｜陳佳歆

　　擁有廣泛興趣的屋主，喜歡栽種植物，蒐藏飛機模型，潛水、登山都難不倒他，家裡需要收納的物件自然也不少，然而對生活細節相當講究的個性，新居收納櫃也要條理分明。原先四房格局根據居住需求調整成兩房，還有客廳、書房及一間寬敞的餐廚房。

　　屋主喜歡木質帶來的氛圍感，空間以暖白色與木色搭配出柔和溫暖的調性，從玄關進門後，就感受到空間的明朗開闊，大門右手邊原本的臥房移除牆面後，以高櫃體取代實牆，支援進出門的衣鞋收納，另一側重新規劃為餐廳和廚房，以玻璃拉門減少下廚時油煙飄散到客廳的問題，平日拉門打開時仍保有空間延續性，廚房裡除了櫥櫃，還擺放一座實木櫃，展示及收整屋主的陶瓷器皿蒐藏。

　　同樣採用玻璃隔間的書房，視線能從客廳穿透，每層皆設定好收納功能的整齊格狀書櫃，則成為空間端景。走進主臥，在衣櫃之外特別規劃一面洞洞牆，將潛水、登山設備以展示方式整理在牆面，展現屋主的生活風格。

美型櫃體設計，簡單空間不簡單收納

運用木質感打造出俐落的空間線條，及具邏輯性的櫃體規劃，使整個空間看起來有條不紊，好看的櫃體設計不用隱藏也能成為空間裝飾。

復古收納櫃擺放蒐藏

屋主喜歡品酒，也會在家自己沖煮咖啡，同時有一些漂亮的陶瓷器皿，特別挑選一座實木餐櫃，以半展示，半收納的方式統整蒐藏及咖啡設備，廚房也因此更具風格。

改造現有層架變身植物櫃

屋主希望家裡有個方便照顧植栽的區域，於是運用無印良品的層架改裝，下層安裝植物燈，上方平台可以整理植物，還有藤編抽屜收放園藝工具，打造出綠意角落。

洞洞板收整設備展示與收納兼具

衣櫃採用毛玻璃材質的推拉門，使臥室視覺感更為俐落整潔，由於屋主對物品收整很有條理，利用洞洞板吊掛具有設計感的潛水、登山設備，不但拿取方便，也成為裝飾的一部分。

木作櫃搭配無印小抽屜

對收納很有想法的屋主，想用無印良品的木質收納抽屜來整理小物品，因此書房牆面櫃依照抽屜尺寸規劃格狀書櫃，書房也要做為客房使用，窗邊臥榻可作為單人床，屋主也可以在這裡放鬆休息。

4

外環式收納
創造內聚感大宅

HOME DATA ────────────────

坪數：46 坪 | 屋型：新成屋

空間設計暨圖片提供 | 沐白設計　文 | Fran Cheng

　　疫情間家人相處時間變多，也讓屋主思考：家，是不是能有更多互動空間？所以新居規劃將既有四房改爲三房格局，並把其中一房併入公共區作爲開放式書房，讓男主人能在此工作，孩子們也可居家學習，至於女主人則有完整中島餐廚區，當每位成員都找到屬於自己的場域，自然能在公共區有更多互動與情感凝聚。

　　風格營造上先以簡約線條搭配貫穿全場的深淺灰調，以及穿梭其間的岩片、石紋與木質等元素，成就溫暖、天然的現代大宅。爲了營造內聚感格局，刻意把收納機能通通靠牆邊規劃，好讓彼此視線不受櫥櫃遮擋，除了電視牆旁有玄關收納與端景展示櫃，從入口向廚房則延伸出大量牆櫃設計，透過嵌入式電器配置及系統櫃，滿足了廚房機能與日常收納，加上另有獨立中式廚房可供使用，輕食餐廚區更能維持簡潔。至於ㄇ字桌檯的書房也設有展示書櫃與足量櫃體，讓公共區完全不顯亂。

收納與美型兼備的木門牆櫃

客廳電視主牆是開放公共區的主視覺焦點，除了以大理石紋鋪陳，左側則輔以溫潤木紋的木門櫃，搭配黑色系統板做出分割線條，提升牆櫃設計感，營造出如鐵件般俐落視覺。

層次分明的輕食區電器牆

爲了形塑出內聚力的公共區格局，櫥櫃均被整合至
四周牆面，從玄關櫃依序向中島廚房延伸，讓入門
的鞋物收納、嵌入式廚房電器與公共區備品收納都
能被規劃在其中，層次分明地滿足各區需求。

ㄇ字環繞格局的親子書房

客廳、輕食餐廚區、親子共用書
房採全開放格局規劃，搭配中島
旁立體薄岩板作爲視覺焦點，讓
46坪的住宅更顯敞朗、大器，而
共用的親子書房則以ㄇ字環繞設
計，增加使用桌面、也提供更多
收納機能。

捨一間衛浴改造 L 型更衣區

建商原規劃雙主臥，但因為兒子房不需要衛浴間，因此將
它改造為 L 型更衣間，沿著牆面依據需求來設計衣櫥、開
放層板與抽屜、吊衣區，不僅可展示收藏，也讓收納方式
更多元、數量也更充足。

複合衣櫥 & 矮榻增添
休閒性

另一間小孩房雖然僅有床尾
可規劃衣櫥，但因為房間寬
度夠，所以將衣櫥規劃出灰
色門櫃、木抽屜與玻璃櫃，
臨窗處加作矮式臥榻，讓小
房間除了收納、也能有更多
休閒性。

5

圓弧、色塊運用，打造隨心玩樂聚會宅

HOME DATA ─────────────────────

坪數：30 坪│屋型：新成屋

空間設計暨圖片提供│森參設計　文│Celine

　　夫妻倆對於新家有幾個需求，首先是喜歡邀約好友們到家裡聚會、玩桌遊，希望公領域可以擁有更為悠閒自在的氛圍，一方面也要預留未來新成員加入的收納機能。

　　於是，開放公共廳區採取微架高地板設計，可赤腳盤腿而坐，隨興談天桌遊，且客廳、書房之間以電視矮櫃為劃分，亦可作為座椅使用，同時串聯書桌量體，玄關與客廳銜接處牆面的弧形收邊立面，不僅讓動線更加流暢，由此也發展出大面收納櫃牆，部分開放櫃體門片搭配弧形線條，加上藍綠跳色，帶來活潑豐富的視覺效果。

　　獨特的藍綠色彩延伸至書房區域，則轉換以鐵件噴漆的表現形式，化為開放式層架、立板結構，結合灰色黑板漆門片的運用，透過材質交疊創造變化性。面向廳區的中島餐廚，清爽白色櫥櫃搭配淺木質基調，散發自然溫暖質感，中島甚至融入雜誌架設計，日後可放置童書繪本，方便孩子拿取。私領域的主臥室則以白色為主軸，局部色塊點綴於衣櫃、牆面，調配出乾淨爽朗的清新氛圍。

架高地板打造自在悠閒感

開放廳區採架高地板，讓人可以赤腳盤腿而坐，隨意談天或玩桌遊，客廳與書房之間用矮電視櫃作為區分，亦可當作座椅，旋轉電視則讓生活更為彈性。

內嵌櫃體打造衣帽櫃機能

考量男主人工作後衣服亦沾染粉塵，
玄關處設置專屬衣帽櫃，藉由格局調
整型塑如內嵌牆面般的視覺效果，配
上幾何花磚，自然清新。左側牆面則
拉出一道弧形牆面銜接廳區櫃體，動
線順暢舒適。

色彩、線條點綴，豐富櫃體設計

客廳收納櫃牆部分採用開放設計，並在
門片上運用弧形線條和藍綠色調，營造
出活潑豐富的視覺效果。

收納與設計感兼具的中島餐廚

中島廚區面對客廳一側為書報架，預留日後給孩子的童書繪本專區，內側則作為各式廚房用品收納，通往廚房的過道牆面，利用特殊塗料與半腰懸空櫃體設計，結合藍綠鐵件打造畫軌，成為公領域獨特的端景。

色塊妝點調配清新爽朗感

將藍綠色彩延伸至主臥室，採用色塊呈現在牆面、衣櫃滑門，幾何、圓弧線條為白色基調注入一股變化與清新氛圍。

6

灰綠、白栓木
打造溫暖童趣北歐風

HOME DATA

坪數：25 坪 | 屋型：中古屋

空間設計暨圖片提供 | 穆豐空間設計有限公司　文 | Celine

　　此為屋齡十年以下的中古屋，原始格局還算方正，唯一比較可惜的是，入口與餐廳距離太近，再加上無法劃設獨立玄關，因此設計師利用整面白栓木櫃體設計，結合了鞋櫃之外，開放層櫃則是收納書籍與文具使用，讓配有大長桌的餐廳同時兼具書房使用。餐廳場域則依據屋主喜愛的冷色灰綠為主軸，以童趣、北歐風為連結，打造圓弧修飾的吊櫃門片，加上白與木質基調，溫暖又帶點繽紛氣息。

　　而採光充沛的客廳區域，相較於一般家具配置手法，此處規劃 L 形臥榻，結合大面窗景優勢，讓一家四口能一起閱讀、遊戲，且臥榻又能增加收納機能，針對轉角處的臥榻，利用上掀式門片，讓收納更好取用，當朋友到訪也可以兼具座椅使用，一舉數得。

　　主臥室選擇屋主喜愛的冷灰牆色為背景，配上白色框線造型、黑色把手衣櫃，床頭兩側則以活動家具為主，勾勒美式古典調性。小孩房由於現階段為學齡前孩童，選擇灰藍色調為主牆，簡約耐看更實用，系統衣櫃搭配滑門門片，鋁條與毛刷邊設計，讓小小孩更好推移使用，也不會太大力去碰撞。

栓木櫃牆整合鞋物與書籍收納

玄關入口結合懸空櫃體、開放落地櫃設計，延伸作法讓視覺更為遼闊。開放層櫃中間搭配抽屜形式，收納各種文具小物，下方開放櫃則是讓孩子能輕鬆拿取童書繪本。

灰綠餐櫃溫暖繽紛

餐廳以屋主喜愛的冷色灰綠為主色調，結合童趣和北歐風格，設計帶有圓弧修飾的吊櫃門片，搭配白色和木質基調，營造出溫暖且略帶繽紛的氛圍。吊櫃下方另外規劃小層架，可放置杯子或茶包等，方便取用。

臥榻結合電視櫃，兼具收納與座椅

客廳擁有窗景與充沛光線，以臥榻結合電視櫃的方式，臥榻高度約 50cm，擁有抽屜櫃擴充小宅收納機能，臥榻轉角處也絲毫不浪費，採上掀式門片，更好開闔拿取物品。此外，臥榻檯面選用與木地板一致色調，更具整體性。

灰白配色打造美式古典風

主臥選用屋主喜愛的灰色為主牆背景，搭配白色噴漆的框
線造型門板，再搭配黑色典雅的把手，營造美式古典氛
圍。

系統滑門讓幼童好推
拉、降低碰撞

次臥室以灰藍為背景牆色，
相較粉嫩天空藍更耐看，衣
櫃選擇系統櫃、滑門設計，
滑門鋁條與毛刷邊設計，讓
幼童輕鬆推拉，且可降低大
力碰撞的問題。

7

次臥改更衣室，包辦全家收納

HOME DATA ————————————————————

坪數：23 坪｜屋型：新成屋

空間設計暨圖片提供｜澄易設計　文｜EVA

　　這間 23 坪的空間住著一家四口，由於小孩皆處於成長
階段，有許多繪本和玩具，期待在小空間中也能保有充裕
的收納機能。因此從玄關開始延伸櫃體至客廳，櫃體之間
嵌入 15cm 寬的玻璃屏風，化解開門穿堂的同時，巧妙劃分
玄關與客廳、鞋櫃與繪本玩具櫃的分界。一旁的雜物櫃則
加深至 55cm 深，精準規劃尺寸滿足生活所需，下方更留出
掃地機器人的空間，藉此隱藏雜亂的生活感。

　　順應廚房原有的一字型廚具，增設電器櫃與冰箱，置
頂的設計讓上方空間也充分利用。餐櫃中央鏤空，能作為
茶水吧檯使用，下方抽屜則精算餐桌高度，開闔流暢不卡
桌面。主臥與次臥合併，便多了更衣間功能，特意不做隔
牆，與床鋪之間運用櫃體區隔，而入口更安排斜面櫃，不
僅拓寬進入動線，也爭取更多空間坪效。內部沿窗工作桌，
滿足男主人在家工作的需求。轉到主衛入口，也貼心安排
髒衣櫃，密閉的門片能藏起待洗衣物和生活備品，開放的
層板則放置乾淨衣物，隨時替換都方便順手。

置頂高櫃，滿足多元需求

客廳安排置頂高櫃，深 55cn 的充裕空間，能收納行李箱、換季家
電等大型物品，櫃門更貼心不做滿，留出下方空間，掃地機器人能
自由進出。一旁電視櫃則懸浮設置，中央不做櫃門，視聽設備都方
便使用。

巧用屏風區分櫃體用途

玄關以玻璃屏風為界，區分鞋櫃與玩
具櫃，一旁輔以鏡面點綴當穿衣鏡，
也擴大空間感。櫃體採用 40cm 深度，
上方開放層板能收納繪本或收藏品，
玩具能藏入門片櫃，解決凌亂視覺。

精算餐櫃與餐桌尺寸，收納更流暢

善用短牆安排餐櫃，上方設置玻璃櫃能
展示屋主收藏的杯盤。考量到餐櫃與餐
桌相接，為了不干擾收納動線，特意精
算餐桌與檯面高度，利用 15cm 落差安
排抽屜，抽屜能完整拉出不卡桌面。至
於下方則收納不常用的設備或食材，需
要時再挪動餐桌。

主衛增設髒衣櫃，完善洗浴動線

主衛門口特意安排置頂高櫃，衛浴備品都能藏入，同時髒
衣籃也納入其中，一旁的開放櫃則收納乾淨衣物，從脫
衣、洗浴到換衣，動線一氣呵成。

床下增設抽屜，擴增收納

兒童房以溫暖大地色點綴，輔以木質
半牆鑲邊，注入溫潤氣息。運用系統
板材架高 25cm，打造榻榻米床鋪，床
下也不浪費空間，增設 60cm 深的抽
屜，擴大收納量的同時，空間也更有
效運用。

8

靈活巧思收納，
創造多功能空間

HOME DATA

坪數：30 坪｜屋型：新成屋

空間設計暨圖片提供｜森叁室內設計　文｜Celine

　　此案為 30 坪新成屋，格局上經過微調，將原有客廳、書房之間的隔間拆除，並且予以對調，順著弧形地坪首先是以臥榻形式打造而成的開放式閱讀休憩區，一旁系統書櫃搭配鐵件層架，為貓咪創造出貓跳台、貓砂盆等功能，但同時保有豐富的儲藏機能。

　　相鄰的客廳區域，利用半高弧形隔屏界定場域屬性，隔屏既是臥榻靠背亦兼具電視牆，特別的是，為滿足收納擴大機的便利性，屋主選擇現成ㄈ字型矮櫃作為設備收納，可自行伸縮長短更為彈性靈活，設計上也依著矮櫃色調去做整體延伸。

　　餐廳區域則利用廚房與鞋櫃之間的段差處，以鐵件層板配上懸空矮櫃，讓收納更為俐落、半圓收邊也讓動線流暢舒適。主臥房的床尾處大面衣櫃，選擇掛衣桿的收納型態，下半段可根據屋主需求添加收納箱，換季整理更加方便，而梳妝台也配置雙面儲物櫃，將包包、保養品等物品隱藏收納，保持空間的清爽整齊。

弧形隔屏讓光線通透

公領域微調格局，客廳、書房之間以半高弧形隔屏作為界定，引入清新舒適日光，並利用木作貼皮修飾天花大樑，增添溫潤自然質感。

融入貓跳台的書牆收納設計

開放書房採取臥榻型態，可舒適悠閒地閱讀或小
憩，甚至底部也盡是抽屜機能，一側牆面不僅僅是
書櫃、儲物櫃，同時結合貓跳台、貓砂盆使用，爲
加強系統櫃體的承重與耐用度，貓跳台部分結合鐵
件層板。

層板結合懸空矮櫃，保有動線舒適寬敞

在餐廳與廚房交疊的動線上，爲避免
壓縮空間感受，捨棄一般餐櫃做法，
以鐵件層板搭配懸空矮櫃設計，滿足
陳列、小電器和收納使用，同時在於
層板和櫃體邊角也融入貫穿全室的弧
形語彙，讓過道動線更爲流暢舒適。

掛衣桿讓收納衣物更彈性

主臥室床尾處設置簡約俐落的白色滑門衣櫃,內部使用雙層掛衣桿設計,最底層可彈性搭配收納箱,換季衣物時更為便利好用。

雙面櫥櫃滿足包包、保養彩妝收納

主臥室一側的畸零角落,利用木作打造雙面收納櫃,打開正面門片內部為40cm深櫃體,可收納包包,面向梳妝桌的側邊門片內,則可放置各種保養彩妝用品,使用更順手方便,灰色滑門巧妙修飾窗戶,需要時亦可開啟讓光線通透。

—9—

木作書櫃牆與休憩平檯，
打造家的各種放鬆姿態

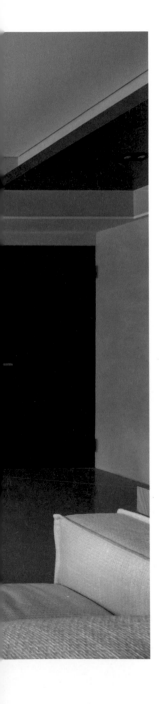

HOME DATA ————————————————————

坪數：30 坪│屋型：新成屋

空間設計暨圖片提供│廿一設計　文│陳佳歆

　　三口小家庭是這間新居的主人，由於家裡常有親友來家裡拜訪，除了主臥及小孩房之外，需要多一間客房給親友們留宿，同時還要有一張至少容納 6 人的餐桌；同時，女主人想有一間專屬的更衣室，於是空間便在家人的需求及期待下有了輪廓。

　　玄關處以雙面櫃區分內外，也提供了兩個區域的收納功能，櫃體後方留出足夠的空間放置大餐桌，讓親友、家人都能聚集在這裡歡樂用餐。為了實現女主人的夢想，主臥入口位置調整到鄰近落地窗的一側，並且從電視牆的位置開始鋪設休憩平台，一路延伸到主臥裡，這樣的動線規劃，不但充份運用空間，也使公私領域光線能相互流動。

　　休憩平檯也延伸到沙發後方，搭配置頂的牆面書櫃，無論是大人還是小孩都能坐臥在這裡閱讀玩耍；書櫃以斜切面取代銳俐轉角，進出次臥的動線較為流暢，體貼入微的設計成為帶動居家氛圍的重要元素。

著重細節營造舒適惬意空間氛圍

加入架高平檯的客廳，為家人提供多元的休憩形式，電視格柵牆不著痕跡隱藏設備，左側的鐵件層板是用生活物品點綴空間的展示平檯。

斜角切面櫃牆兼具美感與機能

沙發後方的書牆以木作烤漆處理，中性的莫蘭迪調
成為襯托空間氛圍的背景色，櫃體中的開放展示櫃
加入鐵件及間接燈光做細節處理，提升了整體的質
感及精緻度。

從使用便利考量雙面櫃收納位置

界定內外區域的玄關櫃以懸吊式設計，
讓出下方空間放置拖鞋，雙面櫃還考慮
到取用物品及開關門片的方便性，把內
側位置留給餐廳作為置物櫃使用。

更動主臥入口挪出夢想更衣室

調整主臥入口位置後，就能挪出空間作爲更衣室，空間雖
然不大，但機能卻相當充足，該有的梳妝檯、衣物吊掛
區、配件格子抽屜等樣樣俱備，成爲女主人最喜愛的地
方。

次臥充足收納櫃因應
不同需求

思考到使用安全，小孩房及
客房都是木作床台結合書桌
的設計，桌子圓角收邊減少
安全顧慮，也做了充足的衣
櫃及置物收納，以便對應未
來可能的需求變動。

木作與系統櫃搭配，小坪數也能有機能收納

HOME DATA ──────────────────────────

坪數：15 坪｜屋型：新成屋

空間設計暨圖片提供｜ PHDS 樸和設計　文｜陳佳歆

　　這間 15 坪小宅的屋主是一對年輕夫妻及出生不久的寶寶，由於小孩年紀還很小，對新手爸媽來說，居家收納很多地方都要考量到照顧小孩的方便性，尤其奶粉、奶瓶等物品及消毒機、熱水瓶等小電器很多，因此他們希望有專門的地方放置；另外，長輩也提出希望預留神明桌位置，在不變動格局情形下，收納櫃便依照空間現況作配置。

　　由於坪數不大，為了滿足收納需求，空間裡的櫃體便集中在公領域，並且儘可能做好做滿，但仍要適度留白，生活在其中感受上才能輕鬆不壓迫。鞋櫃、衣櫃等較規格化的收納以系統櫃處理，電視牆面的櫃體則以木作方式作出一些造型變化，讓空間在細節處仍感受質感；客廳櫃體以右側落地櫃加上電視上櫃，已足夠收整大部分生活所需物品，中間預留神明桌以簡約的造型融入整體風格；餐桌後方就是專門放置小朋友物品的餐邊櫃，這裡鄰近廚房也方便清洗奶瓶及水壺等，其他零散小物就收在電視下方的抽屜。空間拿捏好木作櫃與系統櫃之間的配置平衡，小坪數櫃體也能美感與機能兼具。

木作櫃搭配鐵件大型櫃體不笨重

保留局部留白空間，在電視牆周圍設計櫃體，並且在門片作一些分割線條，下方則搭配鐵件檯面，讓櫃子量體感覺更為輕盈。

鞋櫃懸吊式設計方便進出門穿脫鞋

入口懸吊式鞋櫃讓下方能擺放拖鞋，正對的牆面則利用洞洞板來掛包包、帽子或者外套等，使得帶寶寶進出門時不會手忙腳亂。

輕巧配置抽屜創造更多有效空間

由於屋主希望能放 L 型沙發，為了使客廳空間不要太擁擠，電視牆下方局部設置抽屜，收整一些零散小物，其他懸空的地方能安置掃地機器人。

多功能餐邊櫃新手爸媽好幫手

考量到照顧小寶寶的一些日常飲食,在鄰近廚房和餐桌之間規劃餐邊櫃,方便放置奶粉、熱水瓶,以及奶瓶消毒機等用品。

現代神明桌簡約設計不突兀

木作製成的神明桌,尺寸高度都按照文公尺上紅字設計,但造型上跳脫傳統印象,簡單的設計與整體空間協調融合,活動層板加上櫃體下方的基本收納,可以隨時依需求調整使用。

—— **11** ——

廚房、臥室全拆除，換來滿牆收納

HOME DATA ——————————————————

坪數：37 坪｜屋型：中古屋

空間設計暨圖片提供｜樂湁設計　文｜EVA

　　一家四口住了十多年，堆積了許多生活用品，空間收納顯得不足，再加上廚房與臥室遮擋採光，格局中央陰暗無光。因此決定重新翻修，為居家帶來嶄新氣象。

　　在需要大量收納的前提下，客廳安排滿牆櫃體，全白的懸浮設計顯得簡潔不厚重，下方則設置格柵櫃，隱藏管線的同時，又增加收納空間。灰色大板磚鋪陳底部的置物平檯，搭配沉穩的黑色背牆穩定空間重心。原有廚房和一間臥室拆除，採光便能湧入，形成開闊的餐廚領域。原始一字型廚具擴充成 L 型，中央再安排中島，不僅有充足的備料空間，中島下方更藏入雙面可用的收納空間，物品再多也收得下。

　　一旁牆面則嵌入冰箱、電器櫃與咖啡茶水吧檯，吧檯採用雙開門設計，平時能維持整齊外觀，需要時能隨時敞開收起。主臥調整入口，床側便多了完整的櫃牆與更衣室相鄰，收納動線更流暢有效率。次臥則別出心裁將櫃體與穿衣鏡懸浮置中，在莫蘭迪藍背牆的映襯下形塑框景視覺，空間更豐富有層次。

善用畸零角落，提升坪效

順應大門原有的結構凹洞，嵌入櫃體拉齊立面，同時與電視櫃銜接，完善收納功能，空間也不浪費。櫃門刻畫簡約線條，並搭配拍拍手五金，維持俐落質感。

深淺櫃設計，空間不浪費

沿樑下安排懸浮電視櫃，46cm 的深度能收納各種生活雜
物，下方則增設 24cm 格柵淺櫃，藏線的同時也增加收納
量，空間有效利用。

嵌入式櫃體，形塑簡潔立面

拆一房與廚房，挪出完整的
餐廚領域，以 L 型檯面串
聯，中央安排中島，冰箱、
電器櫃、茶水吧檯則藏入牆
面，形塑乾淨完整的立面。
在收納充裕的情況下，不做
吊櫃，僅在牆面嵌入層板，
方便佈置餐具碗盤。

調整入口，完善收納機能與動線

主臥入口位移，形塑完整牆面嵌入櫃體，40cm 的深度能
作爲書櫃和雜物櫃，同時也銜接床後的更衣室，建立流暢
的收納動線。更衣室以莫蘭迪藍鋪陳，與床頭牆呼應，內
部則嵌入防潮箱、配件櫃，讓每樣物品都井然有序。

櫃體懸浮置中，勾勒框景趣味

次臥延續相同的灰藍色調，床尾安排滑
門衣櫃，左右開闔的設計能節省空間，
搭配開放層板方便放置常用的包包或衣
物。而一旁則嵌入全白懸浮櫃與鏡面，
置中的設計如同框景般充滿趣味，視覺
多了豐富層次。而 37cm 深度能收納生
活雜物，滿足日常所需。

12

添減線條
揚升美屋空靈感

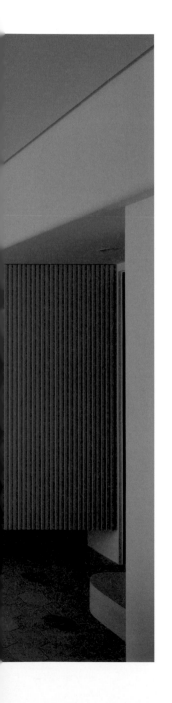

HOME DATA

坪數：29 坪｜屋型：新成屋

空間設計暨圖片提供｜卡特室內設計　文｜黃珮瑜

　　玄關區櫃體是四組尺寸不同系統板結合而成；第一組由 95.4 cm 寬格柵門板封擋，除能一眼辨識出區域差異，也暗示了櫃體內部設計的不同。其他三組門板皆為平面，但刻意加大門縫至 2cm 用以取代把手。

　　藉由粗細不一的拼接線條增添活潑，搭配懸空手法讓櫃體不會顯得厚重。客廳主牆以開放平檯與封閉玄關櫃做對比增加留白餘韻，兩相銜接令收藏胃納、動線統合與空間美感一併提升。

　　餐桌後方是儲藏室，內部以兩層 1 片寬 135cm、深 38 cm 及 2 片寬 56cm、深 30 cm 的系統板圍圍成 ∏ 字型層架環繞，並結合鐵件組成活動架讓大型物件有安身之所。屋內設計以白與木色交融鋪陳清淨柔和，因此櫃體多半採白色封閉門櫃維持畫面整潔，但在具有展示性質的平檯或層架上會藉木皮跳色，搭配木框定焦，就能讓住家在素雅設色中仍能保有暖意，不會流於清冷。

善用虛實將櫃體變身裝飾品

公共區牆面總長 719.5cm，寬 323cm、38cm 的玄關櫃在整體牆面比例上略顯厚重。故利用櫃體門片線條使大量體能分割成不同小段提升輕盈感；輔以圓球燈巧妙中介區隔前後，更令立面造型與整體動線簡潔流暢。

線條疏密暗藏機能劃分

入口門片採細格柵紋，內藏掛桿與層板方便收納外
出衣物。其餘櫃體用拉大的門縫作把手，與門板拼
接的自然縫隙結合，形成寬窄不一的線條。藉由線
條疏密使櫃牆形成段落，不僅能化解平面呆板，也
使櫃體顯得更輕盈。

用穿鞋椅增添畸零角利用

餐桌後方是儲藏室，而入門左側的落地
高櫃，除了以鏤空增加置物平台，還
設有抽屜收納零碎。深度 45cm 的櫃體
恰與儲藏室側牆交成畸零角，故安排
15cm 厚的弧形層板銜接減少凸兀，亦
可當作穿鞋椅使用一舉兩得。

開放與封閉的協調搭配

抽屜櫃置中方便書桌兩區共用。牆邊側拉櫃則是因應女主
人在此保養、梳化需求而設。背面以封閉門櫃搭配按壓的
拍拍手五金讓畫面更簡潔。中央斷開 43.5cm 間距,則讓
櫃牆可以因分割而延展景深、增添造型、避免厚重。

藉燈光強化展示質感

開放區以木皮鋪陳,呼應場域中的相
同元素,背襯燈條更能烘托品質感。
固定式層板與抽屜所形成的線條、間
距寬窄對比,也讓這個深度 41cm 的
櫃體表情更豐富。

—13—
主牆OUT！
收納空間就變多了

HOME DATA ————————————————————

坪數：25 坪 ｜ 屋型：新成屋

空間設計暨圖片提供｜沐白設計　文｜Fran Cheng

　　屋主是育有一子與一貓的一對夫妻，家裡雖然不特別大，但好客的一家人卻喜歡邀親友來訪，所以公共空間的規劃就成為本案設計重點。

　　為了讓公共區能容納更多人，決定跳脫以電視主牆為主軸的設計概念，將電視牆移到房子中間，變成矮牆連結餐桌來定義公共區軸心，同時藉此界定出客廳、多功能休閒區、書房與茶水廚房等四大象限，讓所有家庭活動都能環繞著軸心餐桌而進行。

　　入門區刻意以斜向牆面來讓出局部書房空間，藉此也放寬動線與玄關的視野。為了讓女主人與閨密輕鬆下午茶聚會，除了以餐桌作為公共區軸心，窗邊多功能區則以架高地板設計成日式臥榻，榻下可作上掀櫃收納，餐邊則成為座區，而孩子們也能在一旁臥榻玩耍，甚至在餐桌下也為貓咪設計一處小窩。側邊連結的客廳則設計以矮式電視牆，搭配沿窗而設的沙發，客製化設計滿足觀看電視需求、同時也放大空間感。

縮小電視牆來放大公共區

為了更有效率地利用公共空間，決定將電視牆縮小並移至餐桌旁，改由餐桌與臥榻作為公共活動區的主軸，讓賓客有更寬敞而多元的聚會空間，至於客廳則搭配客製沙發來滿足看電視與聊天需求。

書房斜牆讓出儲藏室與茶水區

將大門旁的書房斜切讓出部分空間,既可使動線與
公共區變寬敞,也不影響書桌機能,而書房後半段
則規劃為儲藏室,加上書房外增設茶水區來提供簡
單吧檯餐飲需求與更多收納櫥櫃機能。

以餐桌作為起居與社交軸心

考量屋主家中常有訪客,決定以餐桌作
為公共區的軸心,除了大人可以圍繞餐
桌聊天作事,孩子也能在桌邊的臥榻看
繪本、玩玩具,特別是配合餐桌高度的
臥榻坐起來舒適,腳也能放進桌下,而
貓咪在桌下也有專屬小窩。

和風端景櫃上下懸空更寬敞

為避免牆櫃量體對空間造成壓力，臥榻側牆白色系統櫃搭
配以開放式展示櫃，且上下刻意作懸空與留白設計，再運
用木質與黑色板材設計出和風質感的端景櫃，而臥榻下與
窗邊座榻分別規劃有上掀櫃與門櫃，加入滿滿收納力。

畸零床尾區增設桌面與衣櫃

小孩房除了利用系統床櫃在
下方增設抽屜，特別將衣櫥
旁的桌面向窗邊延伸，除了
增加使用桌面外，桌板下有
作掀櫃，對應的上方牆面也
規劃有吊櫃作為衣櫥，彌補
小房間收納櫃不足的問題。

14

38坪牆面全用盡，拓增收納彈性

HOME DATA

坪數：38 坪｜屋型：新成屋

空間設計暨圖片提供｜澄易設計　文｜EVA

　　屋主夫妻在歷經家庭成員的增加，兩個可愛的兒子再加上貓咪，生活物品逐漸增加堆積，空間越變越小無法滿足全家人需求。爲了提升生活品質，在更換新房之際，決定安排充足的收納空間。

　　由於原始格局有著難以避開的厚重柱體，因此從玄關開始，安排滿牆櫃體分別延伸至餐廳與廚房，全面提升收納坪效的同時，也順勢將柱體隱藏其中，化解難用的畸零角落。在美式風格基礎下，勾勒櫃體幾何線條，部分改成玻璃櫃，中央再留出置物平檯，展示屋主收藏的紀念品之餘，通透的視覺也降低厚重櫃體壓迫感。

　　臥室退縮，將空間讓給廚房，原有的一字型廚具便擴大爲雙 L 型設計，冰箱、電器櫃、雜物櫃一應俱全，更增設內中島藏入洗碗機。餐廳則安排外中島，增添 IH 爐兼顧輕食需求，爲喜愛下廚的女屋主安排完備的廚房機能。主臥、次臥增設更衣室，滿足大量的衣物收納，主臥更安排雙面櫃作爲隔間，不僅擴大收納量，使用也更有彈性。

簡約美式，奠定風格基礎

整體以簡約美式風格奠定空間調性，電視牆運用石紋大板磚鋪陳，注入輕奢高雅的氣息。一旁則安排全白懸浮櫃體，同時搭配展示櫃，能有效收納音響等視聽設備。

櫃體包覆修飾，消弭厚重柱體

空間有厚重柱體前提下，沿牆安排櫃體包覆修飾，中央鏤空牆面則貼覆磁磚，不僅有效擴大收納量，也化解柱體的存在感。考量到家有幼兒，入口處櫃體轉角修圓，一旁也增設穿鞋椅，增加使用的安全性。

雙 L 型收納，擴增廚房機能

微調臥室，讓出更多空間給廚房，增設內中島打造 L 型廚具，冰箱、電器櫃則安排在對側牆面，雙 L 型的設計擴增廚房收納機能。轉角刻意退縮 20cm，讓出開闊廊道進出，並嵌入開放層板，方便收納調味備品，層板更採用柔順的弧形線條，有效避免銳角相對的壓迫感。

雙面櫃設計，滿足多元需求

為了屋主擁有更衣室的期待，主臥以櫃體作為隔斷，劃分
出睡寢與更衣空間。同時依照空間需求，調度櫃體開口，
更衣室入口櫃體兩兩相對，而面向床側也安排門片櫃，不
論從哪個位置使用，都能方便收納。內部採用大量掛桿，
方便收納長洋裝與套裝，也縮短折衣的家務流程。

15

善用空間條件，風格簡約又有海量收納

HOME DATA ─────────────

坪數：41 坪｜屋型：老屋

空間設計暨圖片提供｜禾光室內裝修設計　文｜喃喃

　　這是一間重新裝潢的老屋，空間以大量木素材來鋪陳，接著再加入木拉門、榻榻米、木格柵等日系元素，來奠定日式又簡約的風格基調，而為了維持簡約空間調性，屋主的大量書籍、玩偶，需精心規劃收納，避免充斥太多收納櫃，破壞了極簡空間感。

　　首先，因房子原始結構關係，剛好產生一塊畸零地，在這裡規劃雙層收納櫃，同時與窗邊的收納高櫃串聯，大量的書籍、物品不只有了地方可以收納，與此同時也形成一個完整立面，讓空間線條更顯簡潔俐落。另外，巧妙將收納櫃門片結合電視牆功能，並採用可靈活移動的推拉門片設計，屋主可隨興移動門片，隨心情決定想展示的區域。

　　為了確保有足夠的收納空間，另外規劃有儲藏室，規劃成和室的房間，也同樣利用架高高度，做了滿滿的收納空間，家中的物品不怕沒有地方收。屋主平時會在家工作，特別劃出工作區域，這裡採用開放式收納牆設計，來兼顧收納需求與開闊空間感。

木格柵強調空間風格主題

利用灰色六角磚，圍塑出玄關落塵區，磁磚隨興排列，避免過於工整顯得呆板，玄關鞋櫃以格柵門片美化、淡化櫃體存在感，讓人一進門，即能感受到日系空間氛圍。

化缺點爲優點，畸零地變身強大收納牆

原始結構產生的畸零地，深度剛好可規劃成雙層收納
櫃，而藉由櫃體規劃，讓牆面變得平整，成功化解畸
零地問題，空間也顯得簡潔俐落。

減少封閉設計，營造空間輕盈開闊感

工作區的半牆，不只使用輕巧材質，上半部更採用通透的玻璃，讓屋主兩人即便同時在家工作，能保有互動性又互不干擾，同時也不會有實牆封閉感，兩人工作桌背後，各自規劃有收納牆，將層板加強的支撐架融入設計，來確保層板承重又具設計感。

自然融入牆面，將收納收於無形

不只和室有滿滿的收納空間，鄰近和室亦規劃有一個儲藏
室，白色隱藏式門片，加上格柵設計，低調與白牆做出細
微變化，也能與空間風格相呼應。

減少干擾元素，有助舒緩情緒入眠

來到私領域，只做最低限度
設計與收納規劃，並延續公
領域空間風格，以大地色、
木素材與白色舖陳，讓空間
呈現寧靜、沉穩氛圍，情緒
得以放鬆沉澱，屋主可一夜
好眠。

─16─

整合收納機能，
簡約空間不單調

HOME DATA

坪數：30 坪｜屋型：中古屋

空間設計暨圖片提供｜廿一設計　文｜陳佳歆

　　屋主希望新居的公領域能夠開闊、明亮些，除了有在家工作的需求之外，平時也喜歡邀請朋友來家裡聚聚，原始四房格局讓空間感覺有點侷促，且收納不夠充足，廚房也窩在邊角處，因此移除中間的一間臥房後，打開公領域尺度，並在入口處規劃一個島型的三面櫃，櫃體在面向玄關一側作為儲藏室，朝向客廳的玻璃櫃則展示屋主的公仔收藏，在餐廳部分為電器櫃，島型櫃特別的斜面設計可作為動線引導。

　　公領域收納從玄關左側牆面延伸進入客廳，直向木紋加上未置頂設計，使大面積櫃牆在空間裡有一致性的視覺卻不會過於壓迫，櫃體也在不同區域有各自負責的功能。書房採用玻璃隔間，側面以鐵件打造透明格子櫃，目的是讓光線能通透到整個公領域，也具有裝飾空間效果。相較於公領域的寬敞，臥房就以適當的大小給予睡眠安全感，由於所在位置光線較暗，衛浴同樣採用玻璃隔間引入自然光，梳妝桌及衛浴規劃簡單而必要的收納機能，減法空間設計讓生活回歸到居住者本身。

根據生活及工作需求規劃櫃體

公領域的收納需求統整於牆面，使公領域視覺感更為簡潔俐落，書房以玻璃取代實牆提升空間的通透度，一目瞭然的收納規劃，讓由工作延伸的生活空間更有態度。

櫃門材質變化爲簡約風格增添紋理

白色爲基調的空間，在櫃體和家具運用木材質呈現
自然質感，島型櫃在面向餐廳的部分作爲餐具收納
同時也是電器櫃，櫃門選用烏木藤編材質搭配，讓
懷舊材質在現代空間有了不同的表情。

多機能島型櫃支援不同空間需
求

玄關處的島型櫃是空間重要角色，不但
作爲內外區域劃分，轉折處的斜面設計
有導引動線作用，而櫃體的三面也因爲
空間，分別有賦予不同收納功能。

懸吊櫃牆搭配直紋木板減輕量體感

從玄關延伸進到客廳的牆面櫃，靠近入口處是鞋櫃區，在
客廳的部分則能將公領域的物品收整於無形，電視牆則以
曲線弧形為平整的立面創造具有變化的展示收納。

書房格櫃機能導向採開放設計

玻璃書房裡的 L 型書桌，側邊規劃實用的格子書牆，方便分類各種書籍文件，系統櫃結合木作設計，讓櫃體有更細膩的收邊細節。

─17─
收納做足，就擁有好感生活

HOME DATA ────────────────

坪數：40 坪｜屋型：新成屋

空間設計暨圖片提供｜日作設計　文｜Fran Cheng

　　屋主決心買新房子，不只是想擺脫舊家透天厝侷促、開窗不足與潮溼等老問題，更重要的是要能解決一家五口的收納需求。

　　爲了達成設計目標並化解新屋挑高不足、厚重大樑的格局問題，日作設計先將入門處規劃爲大型收納區，大門左側有鞋櫃，前方則是儲藏間，可放進吸塵器、棉被、折疊椅等大型物件。接著在客廳與玄關間立一道雙面矮牆，既能界定收納區與客廳，也讓玄關有端景、客廳有了電視牆。

　　爲了不增加空間負擔，將收納依著生活需求分散各區，書櫃、工具箱、廚房杯盤架等設計，均以高低、深淺的層板櫃來作足收納，同時採用有溫度的手作感素材與工法設計，藉此建立出好感而不亂的生活畫面。雖然每位成員都有各自房間，但在公共區特別採用分而不離的規劃概念，如餐廳加大餐桌兼作工作桌，沙發區則延伸至臥榻，讓家人都能圍繞在客廳活動，創造更多互動與凝聚力。

家人各有據點的生活感客廳

客廳沙發區後方延伸規劃有窗邊臥榻，打造出老爸最愛的療癒角落，而兩側有書桌區與餐桌工作區，讓家人都能在公共區找到自己的定點活動區，最重要的是各區都兼備收納機能，展現出美好而不亂的生活感。

雙用電視牆界定玄關收納區

客廳與大門之間以一道電視矮牆作區隔，同時可遮蔽大門左側鞋櫃與前方儲藏室，讓難以收納的大型物品也能收得整潔；而原本屋主擔心的大樑則融入空調與天花板中，搭配電視矮牆呈現穿透而不壓迫的畫面。

餐櫃兼具實用與手作美感

加大桌面的餐桌搭配兼具展示效果的收納牆設計，讓實用性與美感都提升，窗邊畸零區也不浪費，規劃有臥榻與層板櫃；左側廚房則以長虹玻璃拉門設計，不用擔心油煙外溢，同時料理工作者也不會感覺過於封閉。

床頭軟簾櫃開闔方便更透氣

弟弟身材較高大,加上想要有加長桌面,所以除加大床
鋪,再運用憑窗的桌板配合床位設計出坐在床上也可使用
的書桌。而床頭衣櫃則採用線條柔軟拉簾,開闔方便又透
氣,搭配吊桿衣架展現輕盈感。

小茶几 & 窗檯營造和風氣息

每位成員都有自己私密空
間,大姊房間配合需求規劃
床尾衣櫃滿足大收納量外,
依喜好採用架高地板鋪上雙
人床,床頭則設計有窗邊檯
面,以及可盤腿坐的和風小
茶几。

—18—

重整格局
提升收納與空間運用

HOME DATA

坪數：35 坪｜屋型：中古屋

空間設計暨圖片提供｜森叄室內設計　文｜Celine

　　此案爲 35 坪中古屋改造，原始格局有幾個問題，首先是餐桌得靠牆擺放、廚房也略微狹小，重新經過大幅度調整之後，不僅獲得儲藏室、擁有開闊完整的玄關，甚至廚房都變得寬敞，四人份餐桌也創造出回字形動線。

　　沙發背牆利用木作雙層書櫃設計，滿足屋主大量的書籍收納需求，書櫃一側壁櫃整合影音設備與經常取用的生活物件，此外，電視牆以屋主重視的音響設備爲主，運用木作造型、鐵件打造具有層次且變化性的收納平檯。而刷飾特殊塗料的電視牆面，特意向左延伸，並銜接木柵造型立面，巧妙隱藏主臥與小孩房門，讓牆面更具完整一致性。

　　主臥考量空間尺度關係，倚牆面系統衣櫃特別選用白色無把手簡約設計，讓視覺清爽俐落許多，床側大樑則運用 LED 燈條作修飾。一方面小孩房爲了提升坪效，採用木工訂製衣櫃、可收納床架，增加收納機能，床側牆面僅規劃鐵件層架，預留孩子長大後的各種使用彈性。

灰階木質基調打造自然簡約氛圍

格局重整後，獲得開闊方正的客廳空間，因應屋主對於音響品質的重視，木工訂製結合鐵件創造具有層次與變化的收納平台，電視牆面刷飾特殊塗料，與沉穩木質基調搭配，展現自然簡約氛圍。

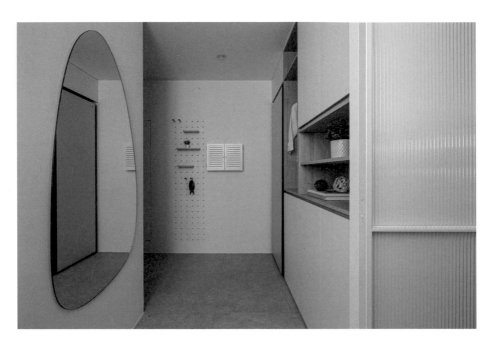

複合式收納櫃牆提升實用性

玄關入口不但有洞洞板吊掛生活物件，以便隨手取用，同時規劃了複合式收納櫃牆，包括開放式衣帽櫃、鞋櫃，及鏤空平檯可放置信件、鑰匙等，提升實用性。

雙層活動書櫃滿足大量藏書

沙發背牆設計成雙層木製書櫃，滿足屋主的大量藏書需求。書櫃的一側則設置了壁櫃，巧妙地整合影音設備和常用物品的收納功能，讓客廳區域更加整潔有序，方便日常生活的使用。

玻璃滑門延伸光線與視覺通透性

調整格局後，擁有寬敞舒適的用餐空間，餐廳一側為廚房
與書房，搭配玻璃拉門材質，達到光線的穿透與視覺延伸
性，廚房內設置高櫃、半腰櫃，增加家電與各式廚房用品
的收納機能。

白色無把手衣櫃簡約
俐落

主臥室的設計特別考慮到空
間的大小，沿著牆面設置白
色無把手的系統衣櫃，顯得
更加清爽俐落。 此外，床側
大樑巧妙地運用 LED 燈條
進行裝飾，不僅增加室內光
源，也為房間增添一份現代
和溫馨氛圍。

19

複合、分段收納概念，
機能大滿足

HOME DATA ———————

坪數：26 坪｜屋型：新成屋

空間設計暨圖片提供｜穆豐空間設計有限公司　文｜Celine

　　此爲四房二廳的新成屋格局，在格局不變動的情形下，屋主期望能擁有完整的收納空間。不過設計上首先面臨入門正對穿堂煞的風水禁忌，藉由弧形木作玻璃隔屏給予化解，同時保有通透光線的舒適性，一方面利用長型玄關優勢，將鞋櫃與衣帽櫃整合爲懸空式櫃體。

　　進入客餐廳，由於屋主預先買了 180cm 長桌，爲維持動線的順暢與寬敞，餐櫃局部鏤空設計，讓桌子可彈性推入。電器櫃則採用開放形式，每個高度皆依據使用者身高規劃，並利用吊櫃與檯面之間高度劃分出小層板設計，讓大小物品能分段收納，避免檯面過於凌亂。

　　動線來到主臥室，白色噴漆加上框線造型的木作衣櫃，搭配金色把手運用，回應女主人對於輕奢氛圍的喜愛，床頭甚至帶入雙弧線造型設計，呼應公領域的弧形語彙。最令屋主擔心的兩間小孩房，更採取臥榻取代一般床架的作法，讓床尾處能增加收納櫃體，臥榻下也有抽屜櫃，每一處角落都充分運用，滿足生活機能。

花磚點綴散發日式 zakka 氛圍

餐櫃作爲開放客餐廳的視覺焦點，擷取日式餐櫃元素並搭配花磚裝飾，營造淡淡的 ZAKKA 氛圍，側邊結合弧形轉角開放櫃，滿足客廳的生活物品收納或展示。

鞋物、衣帽收納整合，提升收納效率

長型玄關利用倚牆面設置整合鞋櫃、衣帽櫃的收納量體，同時透過抬高設計與灰鏡貼飾，降低壓迫、化解冗長過道感受，此外，加入導圓角弧線木作玻璃隔屏，解決穿堂煞問題，亦可保持光線通透。

斜角櫃體讓動線更順暢

電視牆延續玄關走道，利用手工鏝刀水泥粉光，打造寧靜質樸氣氛，懸空櫃體除了方便掃地機器人收納之外，櫃體側邊刻意採開放斜角設計，以便屋主行進動線更為順暢舒適。

分段收納餐櫃，化解凌亂

餐櫃中段區域特意鏤空設計，讓屋主預先買好的 180cm
長桌能推入 50cm，釋放出流暢寬敞的生活動線。一方面
利用檯面和吊櫃之間的高度，劃分出小層架，可收納如杯
子、維他命、藥包等小物品，避免檯面過於雜亂。

訂製臥榻翻轉小房收納性

新成屋所配置的小孩房坪數
實在有限，在無法使用現成
家具的情況下，設計師利用
木工訂製臥榻取代一般床架
的方式，除了臥榻下可增加
抽屜櫃收納之外，臥榻尾
端更能多一組書櫃深度的運
用，徹底翻轉小房機能。

20

藉櫃體色彩、造型區隔內外

HOME DATA

坪數：25 坪｜屋型：新成屋

空間設計暨圖片提供｜禾禾設計　文｜黃珮瑜

　　原格局玄關圍限，開門圓徑就佔掉走道大半，故將地坪略為內推，讓兩座嵌合於牆面的 L 型櫃能與對向的落地鞋櫃相望；分段設計不僅擴展了整體容量，也拉齊了內外分野的界線。此外，透過明確色彩對比和地面紋理落差，更讓進屋前有了沉澱緩衝，深化「回家了」的心理儀式感。

　　為避免大量留白使場域缺乏生氣；除了先以灰玻拉門調度內外風景，再藉大面積灰色藝術塗料豐富牆面表情，最後利用樑下木皮與客廳區櫃體造型共構，製造出調性溫暖又簡約開闊的框景主題。

　　而入內即見的餐櫃刻意與電器櫃整併以提升使用效率；造型上則利用凹凸板與金色手把增加層次，最後添上人造石面板讓櫃體氣質更高雅。私密區櫃體承襲公共區特質，多半還是以封閉門櫃搭配少量開放格為主，但順應不同機能，在開放格大小、預留位置上做了適當調整，使整體比例更和諧。

強化對比分野內外動靜

玄關是室內動靜區域分界點，因此在色彩與紋裡的配置上，以直橫交接的灰、木色地坪，偕同可可色與奶油白櫃體的深淺對比，揭露出裡與外的屬性差異。輔以灰玻拉門的應用彈性，更令場域過渡面貌活潑多變。

分段收納涵括多元機能

入門處設置深度 15cm 的懸浮平檯置放物品。兩座 L 型櫃正反嵌合於牆面；此處含納鞋櫃、置物台、吊桿、掛勾等設計令機能強大。向內推部分地界擴展玄關面積，也順勢爭取到一座寬 58cm× 深 40cm× 高 230cm 的鞋櫃強化收納。

精工細節讓櫃體典雅又實用

餐櫃側立於餐區旁，故將收納、備餐及電器統合在一處，提高使用效率。造型上以凹凸板搭配略帶垂感的半圓、圓形金屬手把增添精緻；再藉石材鋪陳升級質感。嵌入的燈條既可便於照明，也讓櫃體有了展品般的優雅。

用大方格增加櫃牆應用便利

瑜珈室利用三座櫃體構築櫃牆，並以淺灰降低視覺干擾。封閉門櫃可讓物品不外露維持清爽。中央刻意挖空一大兩小的空格便於存放運動用品及瑜珈墊，搭配寬 88cm× 深 45cm× 高 20cm 的大抽屜讓收納存取更便利。

以櫃爲框凸顯視覺焦點

灰色藝術塗料從餐廳延伸至客廳，藉由大量留白揮灑開闊。電視下方以 270cm 矮櫃提供展示舞台與坐臥隨興。窗旁以寬 45cm× 深 45cm× 高 230cm 櫃體穩重視覺、亦替主牆勾勒框景，輔以層架更添立面虛實錯落雅趣。

21

虛實櫃體
用溝縫微調表情

HOME DATA ─────────────

坪數：27 坪｜屋型：新成屋

空間設計暨圖片提供｜卡特室內設計　文｜黃珮瑜

　　原格局有大樑橫亙壓迫，於是先將電視牆上方以木作鋪貼轉移焦點，立面則用深度 40cm，面寬 57cm 跟 169cm 的門櫃拼接懸空，讓玄關與客廳的收納統合，以強化簡潔大方格調。電視下方增設一道 7cm 高的平台，既可與上方共構框景，也避免了牆面左重右輕的疑慮。

　　沙發後方以半高牆圈圍出書房範疇。為因應大量收納要求，牆面、臥榻下皆以白色的系統門片櫃包覆，但將溝縫加大到 2cm，讓大面積櫃牆呈現俐落感。木色櫃體區聚攏焦點，配合燈條、燈球與層板強化展示效果與取物便利。仔細一看，木框除能與前方主牆唱和之外，框頂高度也與房門一致，讓線條不會參差，自然達到引導動線效果。餐廚區櫃體以封閉的白色門片櫃為主。低調規矩的造型除可增加清潔方便，也能完美擔負起襯托背景，少了撩亂爭鳴，整體場域更顯寧靜開闊。

以深色點綴造型、平衡輕重

主牆以清水模襯底，烘托木、白相接的懸空櫃，讓牆面表情乾淨清新。櫃體中段鑲嵌一道深度 40cm 的灰黑平台；除了能豐富造型、增加展示，在設計中引入水平線條，可以強調橫向的感覺，讓空間看起來更寬敞。

用弧線消弭銳利、勾勒溫馨

沙發上方的大樑以圓弧包覆修飾，柔和的弧線不僅消弭了壓頂的窘迫，也與前方懸空櫃所延伸的木背板、黑平台線條相映，讓空間更溫馨舒適。

虛實交映強化美感與實用

玄關以木皮腰帶和圓形掛勾修飾遮擋電箱的假櫃，再銜接一座寬 82.4、深度 40cm 的門櫃使牆面完整。右側懸櫃以鏤空創造置物平檯，滿足入門小物收納需求。灰地磚與木條住不僅憑添了造型變化，也讓區域界定更明確。

張揚與低調的功能分配

木色櫃體以 40cm 段差製造深、淺，再輔以燈光就能讓主
牆視效更凸顯。框頂線條與房門高度一致，更讓動線引導
藏於無形。餐區吊櫃不做滿可減少壓迫，搭配少量開放櫃
與木平檯，恰好能完成元素呼應與背景襯搭的功能。

調整溝縫寬距使櫃體更活潑

為了不讓系統櫃顯得刻板，刻意將白櫃溝縫加大到 2cm，讓櫃牆能更立體俐落，也讓沙發前、後主牆能夠有明顯區隔。書桌規劃抽屜方便細碎物品收納，但將一側桌腳與臥榻嵌接，減少地板面積占用之餘，也使量體更輕巧。

22

分散收納規劃，
回歸開闊的生活空間

HOME DATA

坪數：37 坪｜屋型：老屋

空間設計暨圖片提供｜禾光室內裝修設計　文｜喃喃

　　隨著小朋友的成長，不只需要更多生活空間，生活中要收納的物品變多，內容也會隨之改變，因此屋主從小屋換成大屋，除了希望擴大生活空間，同時也想藉此機會可以有一個更貼合新生活型態的收納規劃。

　　因疾情關係，屋主希望在玄關放置電子衣櫥，由於電子衣櫥量體較大，於是以白色貼皮修飾外觀，降低量體壓迫感，藉此也能與相鄰的客廳電視牆串聯，融入電視牆設計。呼應空間主調，電視牆鋪貼木皮裝飾，周圍規劃抽屜與側邊收納櫃，並利用同樣的白與電子衣櫥連結，形成如框架般將電視牆框住，巧妙凸顯空間視覺重心。

　　一般廚房爐具多面壁規劃，本案比較特別，電器櫃、檯面靠牆，爐具、水槽則面向餐桌，抽油煙機、爐具、水槽需美化遮掩，又擔心隔牆給人封閉感，因此根據抽油煙機與水槽高度，安排一高一矮木作櫃來取代隔牆功能，至於容易溢散的油煙問題，則以玻璃拉門完美解決。

精減設計，強調空間開闊感受

電視牆與玄關的電子衣櫥串聯成一個立面設計，沒有過多收納規劃，只在周圍做拉抽及開放層板櫃，來收納雜物與影音設備。

木作櫃取代隔牆更好用

以兩座櫃體界定餐廚區域，高櫃靠窗安排，減少壓
迫感，也能遮住抽油煙機，與之搭配的玻璃拉門，
除了是櫃體門片，也是隔開餐廚兩個區域的活動拉
門隔間，高約 117cm 的矮櫃，雖面向餐廳一面深
度略淺，但仍可收納杯具與生活小物。

以顏色巧妙區隔收納機能

書房兼客房的收納，以空間裡主要使用
的灰、白、木色三種色調來分區收納，
灰色書櫃為雙面櫃，旋轉一百八十度即
可變身成床舖，中段擺放鋼琴，上方擴
增層板、吊櫃來善用空間，最外側利用
貼覆木皮和隱藏式門片，立面平整如一
道牆面，其實是可收納大型物品的儲藏
室。

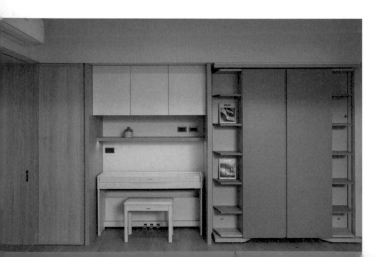

模糊櫃牆界線，淡化櫃體存在感

位於廊道的兩座高櫃，其中一座專門收納小朋友的玩具，
上半部採用玻璃門片便於展示物品，高櫃後方並暗藏三片
式拉門，拉出門片便可將書房圍塑成獨立空間，另一座高
櫃則利用相同的木素材，與儲藏室串聯成完整立面，減少
線條分割，讓空間更顯乾淨俐落。

功能強大的收納櫃牆

在樑柱下規劃收納，刻意不
做滿，留下些許空間，來收
納只穿過一次的衣服，中段
以五斗櫃配置，滿足置放電
視與收納不同物品需求，其
中跳脫設計採用玻璃門片的
櫃體，內搭收納籃，可收整
零碎物品，視覺上也好看。

23

櫃體集中

拓衍採光與動線

HOME DATA

坪數：28 坪｜屋型：老屋翻新

空間設計暨圖片提供｜禾禾設計　文｜黃珮瑜

　　玄關區鋪陳六角型地磚讓內、外有明顯分界；入口旁的鏤空半牆則引出動線，並讓光線能穿引入內照亮公共區。玄關鞋櫃切分為二處，除能透過造型差異讓使用更順手，亦可滿足大量鞋品的收納需求，確保了入門印象清爽。

　　從客廳到廚房入口總長為 640cm，但牆面卻切分成 375cm 和 265cm 兩部分，且餐廳區主牆與電視牆還有 120cm 段差；為避免櫃體各自獨立顯得參差，刻意將電視牆拆分成落地櫃、懸空櫃和格柵板三段落，透過一氣呵成設計，讓素雅白牆保留輕盈與豐富的層次變化。

　　餐廳牆位於樑下，先以隔板讓冰箱與餐櫃各安其所；考量公共區左半部因半牆和落地櫃結合顯得較厚實，故將餐櫃選用色澤較深的徑切木紋裝飾，但嵌入白色層板與檯面化解沉重。如此一來，動線通暢無阻，整體畫面也因色彩及前後段差顯得平衡，讓老屋能褪去舊貌煥然一新！

藉木與白調動風格印象

空間以北歐和日式融合為風格基調，故用棕色木地板及胡桃木色櫃體勾勒自然氛圍。主牆面以奶白襯底、圓弧收邊製造溫柔表情，卻又藉格柵與直線的揮灑強化出俐落簡潔。

分區規劃讓採光不受阻

玄關為擴大採光盡可能拓展引光路徑；入口旁高櫃可與內
部主牆銜接增加平衡感；搭配鏤空、燈球設計便成巧緻端
景。寬 97cm× 深 42cm× 高 215cm、及寬 78cm× 深
42cm× 高 215cm 的櫃體藉離地間距降低了厚重感，也
令穿脫交替更便利。

用紋理、尺寸提升美感機能

餐區吊櫃寬 165cm× 深 37cm× 高 70cm，下櫃寬 165cm× 深 60cm× 高 85cm，吊櫃下多拉一道層板，既可增加展示功能與造型層次，也讓斷開間距有更精確的置物配置。徑切紋門板除可隱喻樹林也能拉高視覺。

瘦長櫃型兼具穩重與胃納

電視牆高櫃雖與玄關有一牆之隔，但在視覺上仍有連動關係；透過方框的中介使內、外景能增添正、側交映的樂趣變化。寬 70cm× 深 40cm× 高 240cm 的瘦長櫃型，既可保留容量，又不會因櫃體量體較大而顯得厚重。

24

打造愜意居家

櫃體設計融入風格，

HOME DATA ────────────────

坪數：45 坪 | 屋型：毛胚屋

空間設計暨圖片提供 | 廿一設計   文 | 陳佳歆

　　事業有成的屋主期待新居沉穩內斂，但又不失現代風格，除此之外，45 坪的空間裡規劃滿足需求的收納櫃，而且還能有一些設計上的變化。原始空間的優點是擁有大面的落地窗景，缺點則是天花板中央有明顯的樑柱，公領域的規劃上，客廳、餐廳及書房全配置在開放的空間裡，讓自然光在開闊的空間裡發揮最大的效益。天花板則以流線設計包覆柱，同時呼應空間的圓弧形收邊，讓深色調空間多了幾分柔和。

　　公領域的收納集中在電視牆左側轉角，在封閉式高櫃旁局部搭配開放式展示櫃，讓收納角落也富有變化。注重和家人互動關係的屋主，書房不採用獨立隔間，開闊的空間彰顯了公領域的大器尺度，背後展示書櫃的藝品陳列則成為空間的背景。廚房則因應女主人下廚習慣規劃內外廚房，與油煙隔絕的外廚房，更容易整理保持乾淨。進到私領域的主臥依照沐浴更衣的動線，在衛浴外規劃走入式衣櫃，電視櫃左右也能收納常穿的衣物；小女孩的臥房裡以臥榻取代床架，不但更好清理下方也多了抽屜可使用。

依生活習慣配置櫃體使用更方便

開放的公領域以家具界定區域，並且根據屋主的生活習慣在各區域需求配置櫃體，特別在落地窗邊做架高地板，讓家人能以更輕鬆愜意的方式欣賞窗景。

L 轉角櫃設計維持公領域整潔

一進玄關就有懸吊邊櫃接應進出門的物品，右側鞋櫃採用
鏡面門片不但作穿衣鏡使用，同時也能延伸視覺。客廳則
將收納規劃在 L 型轉角，運用淺色櫃體減輕高櫃量體感。

利用主臥電視櫃增加
收納空間

主臥電視影音設備採用上掀
式黑玻門櫃巧妙隱藏，也不
會影響搖控器接收，電視櫃
上下及左右側也規劃了收
納，讓臥房裡的寢具和衣物
有足夠空間好好收整。

不同櫃體讓小孩分類收納物品衣物

灰粉色搭配原木色的女孩房不會太過甜膩，睡床區採用架高臥榻搭配床墊，增加下方抽屜收納，衣櫃旁的開放展示櫃，方便讓小朋友擺放各式各樣的學校作品。

25

淡化居家收納，
迎接綠意與無敵採光

HOME DATA ————————————●————————————

坪數：38 坪｜屋型：新成屋

空間設計暨圖片提供｜禾光室內裝修設計　文｜喃喃

　　這個空間最大的優勢，不只採光良好，從窗外看去還能看到城市裡難得的綠意，因此以最大程度發揮空間優勢，盡量減少會阻礙光線做為設計原則。

　　在公共區域窗邊規劃臥榻，臥榻從客廳一直延伸至書房，並另外再延伸出一個與電視牆連結的休憩平檯，結合屋主喜歡在家泡茶的喜好，平檯與書房間的矮牆，則嵌入木質收納櫃，方便展示屋主蒐藏的茶具。至於從平檯延伸出來的電視牆，也善用平檯深度，在下方規劃拉抽，用來收納瑣碎雜物品與影音設備。

　　為了維持空間開闊感，必要的隔牆和電視牆，皆採用矮牆設計，另外再以拉門、折疊窗來讓空間可以彈性變化。家裡的書籍數量頗多，因此靠玄關處規劃一道書牆，搭配有木格柵拉門，可隨興決定書牆展示比例。來到私人空間的臥房，則利用櫃體規劃，來消弭可能因樑柱產生的畸零角落，空間因此顯得簡潔俐落，也確保身在其中，可以安心好眠。

以拉門、折疊窗，隨興變化空間尺度

利用玻璃拉門、折疊門窗來確保空間可獨立，亦可全部打開展現空間開闊感，因玻璃穿透特性，卽便書房獨立為一個空間時，光線仍可穿透，書房一樣享有大量採光。

錯落隨興安排，活潑櫃體表情

書房主要是家中小朋友在使用，除了在臥榻區做出
一個小房子造形的休息區，書牆層板也採錯層不規
則的設計，並加入些許灰綠色門片點綴，為書牆增
添色彩與趣味。

不做大型櫃體，仍享有強大收納

公共空間雖沒有安排大型收納櫃體，但
收納其實全隱藏在從客廳延展至書房的
臥榻下方，深度約80cm的拉抽，收納
量相當充足，而考量影音收訊問題，電
視牆下方則是23cm的淺櫃抽屜。

弱化櫃體存在感，減少壓迫又好眠

臥房是睡眠的地方，若迎面而來整面櫃牆，難免壓迫感過
重，因此利用淺灰色來弱化櫃體存在感，只在靠門處的櫃
體，使用木質貼皮呼應空間調性，至於走入式更衣間，則
以長虹玻璃門片，來援引光線減少封閉感。

彈性設計，讓空間使用更靈活

連結書房與客廳的臥榻，是提供一家
人休閒活動的區域，因此這裡也規劃
有給貓咪使用的跳台，但當書房需要
隱私時，便可利用折疊門，瞬間隔成
一個獨立空間。

26

善用高度、角落擴增櫃體，收納倍增

HOME DATA

坪數：27 坪｜屋型：新成屋

空間設計暨圖片提供｜穆豐空間設計有限公司　文｜Celine

　　三房二廳的新成屋，客餐廳算是開闊且光線通風良好，比較特別的是建商將變電箱、弱電箱規劃在一起，入口處產生一個較深的空間，若規劃為鞋櫃反而難以使用，於是設計師利用此深度創造出雙推拉門儲藏間，少了櫃子底板的干擾，直接就能將行李箱、推車、吸塵器等推入收納，同時也結合鞋物、吊掛衣帽等機能。

　　相較於多數住家是單一面牆色的運用，此案從玄關至客餐廳皆刷飾湖水綠色彩，讓視覺有延伸性，更能保留既有的開闊性。除此之外，特殊的不規則電視櫃，除了回應屋主對於造型的喜愛之外，亦兼具馬克杯收藏陳列功能，下方開放櫃則是讓孩子練習收納書籍、玩具。

　　主臥室坪數雖小，但充分利用三米高度優勢，在衣櫃上方增加疊櫃，疊櫃與天花板色調一致，避免量體過於壓迫。另一間書房兼具遊戲室、客房等多功能用途，搭配臥榻更加舒適彈性，臥榻底部又同時有抽屜收納，一側的書櫃則結合開放、玻璃門片、抽屜做法，滿足各種文具書籍與玩具等儲物需求。

湖水綠牆自然清新

採光通透寬闊的客餐廳區域，櫃體以木質、白色為主要基調，配上湖水綠牆色，營造自然清新的氛圍。

善用角落格局打造拉門儲藏室

米色水磨石地磚鋪設玄關場域，利用變電箱和弱電箱所產生的角落，規劃出雙推緩衝拉門儲藏室，並整合衣帽、鞋物和推車、吸塵器等各種中大型電器的收納問題，而活動式掛衣桿拿下後亦可維修弱電、變電箱。

不規則電視櫃兼具陳列與書牆

擺脫制式櫃體樣貌，客廳電視櫃不規則造型設計，有如階梯狀，底部開放格子櫃讓孩子學著收納書籍玩具，中間格子櫃則是用來擺放屋主收藏的馬克杯，成為公領域獨特的端景之一。

弧形收納櫃增添視覺變化

自然清新的湖水綠牆從玄關一路延伸成爲公領域背景，一旁的弧形收納櫃則與儲藏室拉門色塊相互呼應，採用吊櫃、半腰櫃的設計不僅更活潑有變化，中間檯面還能擺放生活物件點綴。

臥榻可遊戲、閱讀也能當客房

多功能起居室採用 50cm 高臥榻設計，讓屋主能和孩子一起閱讀、遊戲，也能彈性作爲客房，臥榻底下同樣具備抽屜收納機能。一側的櫃體包含開放格櫃、玻璃門片與抽屜櫃等形式，滿足文具、書籍、玩具等收整使用。

27

藏有編織密碼的
通透陽光宅

HOME DATA

坪數：36.3 坪 ｜ 屋型：新成屋

空間設計暨圖片提供｜日作設計　文｜Fran Cheng

　　男主人身懷數學長才、女主人則是編織達人，倆人因在家時間長，購屋時特意挑選位在市區、卻能擁抱綠意的居家環境，空間規劃上更以融入大自然爲設計主軸，配合通透公共格局，讓生活與戶外生態得以緊密連結。

　　室內除採用大量木建材拼接灰白色塊，更以開放客、餐廳及穿透廚房圍塑出無拘的自在氛圍。講究生活情趣的倆人擁有不少名瓷、生活收藏及書籍，所以在客廳沙發後、餐廚區都規劃有展示收納牆；而玄關則有儲藏室，加上穿插各區的櫥櫃、層板櫃，爲屋主創造超大收納量。

　　因倆人都需有自己的工作空間，在女主人編織工作室中，配置有密集收納櫃與多機能活動櫃，以便收放粗細、顏色各異的紗線與繁複零件、工具；至於男主人則希望工作室書櫃分割比例能結合數學費氏數列來設計，搭配厚玻璃打造雙面通透牆櫃，既能確保工作室靜謐，也能爲室內走道引入光線與穿透感。

收納化於無形空間更自由

爲了保留多面落地窗景的優勢，客廳、午茶區與餐廳均採開放格局，並在玄關規劃儲藏室，搭配退至四周牆面的收納牆與展示櫃，讓大量收納化於無形或變成裝飾，空間更敞朗、動線更自在無拘。

雙面玻璃櫃增進廚房內外互動

除了正式餐桌，還在客、餐區中間放上小圓茶桌，
成為夫妻倆閒時聊天、喝下午茶的角落；廚房採雙
面玻璃櫃，一來可展示收藏的杯盤，同時也能像餐
廳吧檯窗口般，讓內外更多連結互動，也便於上菜
與餐後收拾。

創意半開放櫃開關都好用

廚房以玻璃櫃搭配窗口打造半開放互動
格局，玻璃櫃上的咖啡杯不只好看，更
便於拿取利用。另外，水槽右側收納牆
櫃則可搭配廚房門片作開關，一開門就
可關上櫥櫃，關門後又能開放使用，一
個動作就完成兩件事相當方便。

男主書房牆櫃藏有設計密碼

在男主人提議下，走道與書房之間的雙面書櫃採用費式數
列分割比例，隱藏了主人的設計密碼，別具意義。另外，
這座雙面櫃中央採用玻璃隔間，讓光線與視線得以穿透至
走廊，但又能隔絕聲音，確保書房安靜。

收納千絲萬縷的編織
工作室

為了更有條理地收納多達千
種以上的色紗與大小不一的
工具與材料零件，編織工作
室規劃有多機能的活動櫃與
大量收納櫃，還要依據女主
人的工作模式設計動線及作
品拍攝展示區等等，量身訂
製出最佳工作環境。

28

以奶茶甜蜜活絡場域柔美

HOME DATA

坪數：29 坪｜屋型：新成屋

空間設計暨圖片提供｜禾禾設計　文｜黃珮瑜

　　住家玄關先以水磨石地磚製造活潑，再透過鏡面援引客廳戶外光化解晦暗。鞋櫃正對大門且量體不小，故以底部懸空及立面鏤空手法降低壓迫感；格柵門板線條細膩，也能與穿鞋椅背牆相呼應。

　　由於櫃體與餐區相鄰，除了藉鏤空相互穿景，還透過拱弧及邊角包圓等細節，讓迎賓印象更明亮優雅。沿著動線直行是一整面奶油白封閉式門片櫃，僅保留些許開放格增添展示與置物。封閉門板讓畫面少了生活物件外露的撩亂感，卻又因溝縫與格櫃的安排而不顯呆板。

　　餐區背面是淺灰色的乳膠漆牆，與奶白櫃牆圈圍出一種簡約氛圍，大面積的木地板雖平衡了清冷，但進一步透過奶茶色釉面磚聚攏視焦，再釘上兩道層板，讓展示與取用皆方便。木色偏橘的餐櫃以白色人造石檯面增添美感層次與清理便捷；收納上亦分有抽屜、層板、格櫃等設計，讓取用更順手。用暖色調動食慾，更能放鬆享受飲食樂趣。

型態差異讓收納功能更靈活

餐櫃尺寸為寬 164cm× 深 55cm× 高 88cm，以三抽屜搭配門櫃的基本造型讓視覺單純化。櫃體側邊規劃深度 55 cm 的開放格，強化備餐時的不同需求。奶茶色釉面磚揚升暖意，搭配略偏橘的木色讓彼此更相得益彰。

冷暖相間的對比呼應

公共區以大面積奶油白櫃牆滿足收納量，輔以玄關大片鏡牆，讓空間明亮度與整體動線更簡潔。白與灰爲主的低調色彩中以木地板增添暖意，並藉餐區奶茶磚色與木餐櫃點睛，讓區域機能得以明確劃分，又各具專屬特色。

藉格柵與穿透共構輕靈美型

玄關以水磨石地磚搭配左側大面鏡牆營造敞亮。鞋櫃則以懸空及格柵門板使櫃體輕盈化，透過圓弧線條及鏤空讓區域能相互穿景；柔和色調及圓角包邊的細膩手法讓人入門就能感受清新氣息。

簡化內裝用灰綠提升亮點

樑下規劃一座寬 190cm× 深度 70cm× 高 240cm 衣櫥，內部僅於頂層空出 40cm 高間距收納物件，下方則以全吊桿搭配燈帶回應使用需求。莫蘭迪綠活潑卻不張揚，又能與 90cm 高淺木色矮櫃應和共構舒適休憩環境。

小間距創造景深與實用性

主臥延續了公共區元素，以封閉式奶油白櫃牆統整大量衣物，再點綴線型金色手把與木質抽屜提升和暖氣質。ㄇ型黑鐵件增添造型也提供衣物吊掛暫留。寬 43cm、深 60cm 的間距，使床尾櫃體增加景深、降低厚重壓迫。

DESIGNER DATA

PHDS 樸和設計

phdesignmail@gmail.com

110 台北市信義區忠孝東路五段 764 號 3 樓

廿一設計

0983-714-824

james312411@gmail.com

402 台中市南區文心南路 888 號

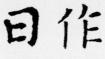

日作設計

02-2766-6101

rezowork@gmail.com

110 台北市信義區松隆路 9 巷 30 弄 15 號

卡特室內設計

03-658-7162

cartedesign.svc@gmail.com

300 新竹市東區中華路二段 66 號 2 樓

禾禾設計

02-2518-5208

idleading@gmail.com

104 台北市中山區長安東路二段 77 號 2 樓

禾光室內裝修設計

02-2745-5186

herguangdesign@gmail.com

110 信義區松信路 216 號 1 樓

沐白設計

02-2528-0661

mupo.in.design@gmail.com

110 台北市信義區虎林街 164 巷 60 弄 23 號 1 樓

森叄室內設計

02-2325-2019

service@sngsandesign.com.tw

106 台北市大安區建國南路二段 171 號 2 樓

樂渝設計

0975-695-913

lsdesign16@gmail.com

105 台北市松山區敦化南路一段 100 巷 26 號 1 樓

澄易設計

03-377-7397

cydesign2019@gmail.com

334 桃園市八德區建國路 1051 號

穆豐空間設計有限公司

02-2958-1180

moodfun.interior@gmail.com

220 新北市板橋區中山路二段 89 巷 5 號 1 樓

櫃體設計基礎課

2024 年 07 月 01 日初版第一刷發行

編　　著　東販編輯部
編　　輯　王玉瑤
採訪編輯　Celine・EVA・Fran Cheng・喃喃・陳佳歆・黃珮瑜
封面・版型設計　謝小捲
特約美編　梁淑娟
發 行 人　若森稔雄
發 行 所　台灣東販股份有限公司
　　　　　＜地址＞台北市南京東路 4 段 130 號 2F-1
　　　　　＜電話＞(02)2577-8878
　　　　　＜傳真＞(02)2577-8896
　　　　　＜網址＞http://www.tohan.com.tw
郵撥帳號　1405049-4
法律顧問　蕭雄淋律師
總 經 銷　聯合發行股份有限公司
　　　　　＜電話＞(02)2917-8022

櫃體設計基礎課 / 東販編輯部作 .
　-- 初版 . -- 臺北市：
臺灣東販股份有限公司 , 2024.07
192　面；17×23 公分
ISBN 978-626-379-453-5（平裝）

1.CST: 櫥 2.CST: 家庭佈置 3.CST: 空間設計
4.CST: 室內設計

422.5　　　　　　　　　　　　　　113007370